中国的地震预报

（日）尾池和夫　著
罗洁　董振华　译

中国社会出版社
国家一级出版社·全国百佳图书出版单位

中文版序言

浅源大地震往往会造成严重的地震灾害。对地震变得敏感的灾区民众，都会讲述其亲身经历的大震临震前的种种前兆现象。每当大地震发生后，这些现象就会被调查并记录下来。并且，在自然现象的观测记录之中，也留下了种类繁多的地震前兆现象的记载。

在日本最近的一次巨大地震（2011 年 3 月 11 日东北地区太平洋近海地震）发生之前，从 2 月中旬开始，仙台以东近海的海底接连不断地发生了小规模地震。从 3 月 9 日开始，在几乎相同的地方更是集中发生了较大规模地震。3 月 9 日和 10 日发生的地震群为大规模的地震群，前震性质已经十分明显。此外，在造成 20 世纪最大地震灾害的 1976 年中国唐山大地震之前，也观测到各种各样的地震前兆。1995 年发生于日本兵库县南部的地震同样也出现了许多前兆现象。

我认为，如果能够系统观测这样的前兆现象，研究其发生机制，地震的临震预报是可以实现的。如今这样的观点在中日地震学界已经不再是中心课题。但是，我本人关于前兆现象观测与研究至关重要的观点始终没有改变，并且坚信确立大规模地震临震预报的方法，无疑是中日两国国民的共同夙愿。

到目前为止，地震前兆现象的研究还停留在对所经历事实的收集阶段，尚未进入系统性的研究阶段，官方进行地震前临震预报的实践方针也没有得到认可。然而，即使不了解地震发生机制，人们还是非常迫切地期望能够得到有关地震前兆的信息，哪怕仅仅是一些经验。现在有些人为了回应人们的这一要求开始地震预报实践，但那些并不是被广泛认定的方法。为了满足人们的愿望，由公共机构来实施地震前兆的观测、信息处理与公开是非常重要的，否则便会出现虚假信息而使民众困惑。倘若国家不采取这样的方针，也可以由大地震发生概率高的地区的地方政府或研究机构付诸实施。现在已经是能够将大数据瞬间公之于众的时代了。

事实上，早已有官方成功进行大规模地震临震预报的实例。利用科学方法系统地对地震前兆现象进行观测，世界上首次成功地作出地震预报的珍贵实例，是1975年中国海城地震的预报。当时出于将其告知日本民众，推动日本实现地震预报的目的，我根据对中国专家的采访，撰写了《中国的地震预报》一书。时至今日，我认为该书中仍然有值得关注的重要内容。

通过与近期留日的中国学生交谈得知，尽管成功预报了1975年海城地震的中国前兆现象观测与地震预报实践工作在世界上是弥足珍贵的，但现在的中国地震研究者以及中国民众对当时的情况却知之甚少。

京都造形艺术大学的牧野圭一教授在与中国漫画学会陶冶会长的交流中，提出了将本书翻译出版的设想，我感到非常高兴。怀着让更多的中国朋友能够读到此书的期盼，特写此序。在此，向陶冶老师及参与翻译的诸位，以及本书翻译过程中给予帮助的精通日中专业用语的徐纪人女士等各位表示由衷的感谢！

希望借此译著，那些了解1975年历史经验的各个专业领域的年轻科研工作者们，能够积极从事地震前兆的研究，同时也希望支持和支援这一事业的人们能够积极声援他们。如今，依然有少量从事地震前兆现象研究的科研工作者，作为地震学界的少数派，他们不被重视却仍在继续努力坚持着研究。希望大家在了解这一现状之后，对他们予以大力的支持与帮助。同时，也希望大家从1975年海城地震的实例中了解到，地震前兆研究并非地震学狭义范围内的课题，而是自然科学各个领域都会广泛涉及的课题。这也是希望读者了解的事情之一。在今天，观测网络的资料数据已公开，处理大数据领域的研究工作者都可以对其进行分析研究。

1995年日本兵库县南部地震中，震灾死亡的80%、约5000人是因木制房屋倒塌而当场遇难的；2008年中国四川汶川大地震中，遇难人数为69197人；1976年中国唐山大地震造成的死亡人数为242419人；截至2012年1月5日，2011年日本东北地区太平洋近海地震的遇难者为15844人，失踪3450人。

通过对地震震级与遇难人数的调查得知，日本地震超过6级一般会出现死者，在中国5级地震就时有遇难者出现。总之，如果在观测各种各样的自然现象时，以认知的地震前兆现象为根据，提供地震临震预报的信息，就可以实施避难，因此可能会大大减少地震造成的遇难人数。

我热切希望这本译著能够将中国历史上实际发生的世界性宝贵经验正确地传播给世人，以帮助减轻地震灾害。同时，期待这一领域的日中两国的研究者们通过信息共享，进一步加深两国的友好关系。世界上的大多数人都希望能够观测地震的前兆现象并公开其情报信息。很多人也认为，即使前兆观测有时对地震预报没有发挥作用，或者预报落空了也并无大碍。我也愿再次借此机会在调查上述民众意愿的同时，思考如何构建实施地震预报的官方组织系统。

京都造形艺术大学校长・京都大学第 24 任校长
尾池和夫
2014 年 9 月 1 日
关东大地震忌日于校长室

目　录

二　大地震预报的四个阶段

三　地震事业

前　言

了解中国的地震事业，无论是对理解目前的地震预报技术水准，还是理解中国的国情，都具有不可忽视的重要性。

1975 年 2 月 4 日，袭击中国东北地区的里氏 7.3 级海城大地震发生前夕，以辽宁省海城和营口为中心，根据预报进行了充分周密的防灾准备，采取了配置应急人员、建设防震棚、安置老人及伤病员快速转移到安全的避难场所以及其他各种各样的措施。在冬季的广场上，为集中避难人群，从傍晚就开始放映电影。在播放第二部电影的过程中，19 点 36 分，伴随着剧烈的震动，房屋倒塌、大地皲裂、水和泥沙喷涌而出。由于事先对这次地震发生的时间、地点、震级作出了精确的预报，人民的生命、财产得到了保护。

大地震一定可以预报，震灾一定可以预防。在中国访问期间，无论走到哪里，无论是多么小的人民公社的村庄，那里的干部、从事地震预报的专业人员和积极配合的群众都这样异口同声地表达。那么又是什么原因，能够如此成功地做到大地震的预测、预报、预防的呢？

准确预报大地震并非一次偶然的成功。海城地震的第二年，1976 年 5 月 29 日，云南省龙陵发生了 7.5①级 和 7.6②级

① 修订震级为 7.3 级 —— 后文皆为修订后的数据。
② 修订震级为 7.4 级 —— 后文皆为修订后的数据。

两次地震；同年8月16日四川省松潘、平武发生了7.2级地震；11月7日云南、四川交界的盐源、宁蒗发生了6.9[①]级地震，对此中国都相继作出了长、中、短期的预报，临震前发出地震警报，致使人们成功避难。这些预报内容，无论哪一个精确度均非常之高。

只有一次，即1976年7月28日以河北省唐山市为中心发生7.8级地震时，虽然曾经发出了中期预报，但临震前没能来得及发出警报，因此造成了新中国成立以来最严重的地震灾害。在这次地震发生前的7月26日，地震专家刚刚结束了对唐山—天津地区的重点调查，正在对地震发生的时间和震级进行讨论之中，还未来得及通知群众，大地震就发生了。但是这也不能断言本次预报完全失败。对唐山大地震的前兆现象，现在我们能够看到许多经过充分整理的、精确度相当高的资料数据。

在中国，自古以来就有将地震作为是上天对统治者政治的警示一说，关于地震的史料记载非常之多。现在这些资料被认真整理，成为地震预报的基础。在今天的中国，大地震对政治、工农业生产依然有着巨大的影响。

1974年7月，应中国科学技术协会邀请，我与东京大学的浅田敏教授、名古屋大学的志知龙一副教授，作为外国地震专家首次访问中国，亲眼目睹了中国的地震预报工作。我们在工作现场接触到大量翔实的资料，见证了现场的预报地震工作，令人难以忘怀。1975年11月，日本地震学会邀请成功预报了海城地震的专家们访问日本，对其成果进行了演

① 修订震级为6.7级——后文皆为修订后的数据。

讲。当时代表团团长是顾功叙先生，另外还有 5 名团员。在历时 3 周的访日行程中，我负责接待工作，每天与代表团成员寝食同行，并就许多话题进行了交流。从 1977 年 5 月 16 日开始，日本地震学会应中国科学院邀请对中国进行了为期 3 周的访问。当时访华团团长是日本东北大学的铃木次郎教授，另有 7 名团员，我也是其中之一，我们访问了现今地壳活动最活跃的云南省。

第二年 2 月，NHK[①]教养特别节目播出了“地震预报与防灾——学习中国地震预报系统”的专题节目，对地震预报、防灾经验予以详尽介绍。

1978 年 4 月，以静冈县知事山本敬三郎为团长的静冈县访华地震考察团一行访问中国，我有幸作为代表团顾问第三次访华，对抗震救灾及灾后重建工作进行了详细的学习。

通过日中两国地震专家学者的交流，收获颇多，其内容也弥足珍贵。中国专家整理的资料数据，为日本的地震预测、预报、预防工作提供了重要信息。他们的有关大地震预测、预报、预防的经验，对今后将面临震灾的日本是非常重要的。本书根据在中国学习的成果与经验，以作者亲眼确认的资料、亲耳所闻或者亲自参观现场所得为中心予以整理，附加浅显易懂的解释，希望能对日本的地震预报预防工作有所帮助。

希望地震专家以及一般读者通过这些实例，对大地震预报的可能性、效果以及大地震发生时专家、民众与相关行政组织配合的重要性有所了解与体会。

---

① 日本放送协会——译者注。

一 大地震

预测·预报·预防的实例

1975年、1976年的两年间，中国大陆发生了5次大地震。针对这些地震，中国政府有关方面都作出了长期和中期预报。在工业集中的地区，加强工程防震作业的同时，地震专家在临震前发出短期、临震预报，保护了人民的生命和财产安全。本章将按时间顺序，对5次大地震的预测、预报和预防工作的过程作一介绍。

海城地震

——世界上首次成功预报大地震

邢台地震

1966年2月，河北省邢台市发生了强烈地震。邢台地震显示出长期休眠的华北、东北地震带苏醒并开始进入活跃期。3月8日早上，邢台市隆尧县发生6.8级地震，受灾严重。紧接着3月22日又发生7.2级地震，进一步加剧了邢台市的地震灾情。

海城地震后，视察新建村庄（丁家沟大队）的朱凤鸣先生

序号	地震名	地区	年	月	日	时	分	震级	临震预报
1	海城地震	辽宁省	1975	2	4	19	36	7.3	成功
2	龙陵地震	云南省	1976	5	29	20	23	7.3	成功
				5	29	22	00	7.4	
3	唐山地震	河北省	1976	7	28	03	42	7.8	失败
				7	28	18	45	7.1	
4	松潘、平武地震	四川省	1976	8	16	22	06	7.2	成功
				8	22	05	49	6.7	
				8	23	11	30	7.2	
5	盐源、宁蒗地震	云南省、四川省交界	1976	11	7	02	04	6.7	成功
				12	13	14	36	6.4	

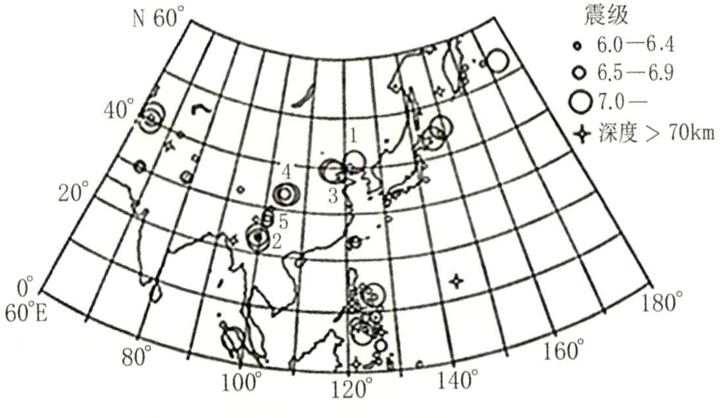

图 1 1975 — 1976 年的主要地震分布

包括首都北京等许多重要城市在内的华北、东北地区，历史上曾是地震多发地带。一般民众、包括外国的地震学者早已忘记了这些历史的记录。不过中国的地震学者能够正确把握邢台发生地震的原因，国家领导人在听取地震学者的意见之后，能够充分认识到事态的严重性，并立即采取了对策。

邢台地震发生后，周恩来总理受毛泽东主席委托，率领中央慰问团奔赴灾区慰问。灾区民众受到鼓舞，在短时间内将被破坏的人民公社重新建设起来，当年就取得了粮食丰收。

在重建灾区的过程中，周恩来总理作了许多重要指示。其中主要一项是要把“以预防为主”的地震事业作为国家事业来进行。此后“在党的一元化领导下，实行专群结合、土洋结合，依靠广大群众做好预测预防工作”便成为地震工作的方针。即在党的统一领导下，坚持专家与群众相结合，坚持中国传统方法与现代科学方法相结合，依靠广大群众，做好地震预测与预防工作。

在周恩来总理的亲切关怀下，地震预测预报工作顺利展开。提起1966年，那是日本地震预报研究第一个5年计划实施的第二年。有关中国地震事业的发展，将会在后面的章节里详细论及，现在我想回顾一下海城地震预报是如何取得成功的。

第一阶段

1969年渤海湾发生了7.4级地震。地震发生前，观察到天津人民公园的动物园里，老虎等动物出现异常反应；而且观测到地下水中氡的含量发生了变化。氡是放射性气体，在

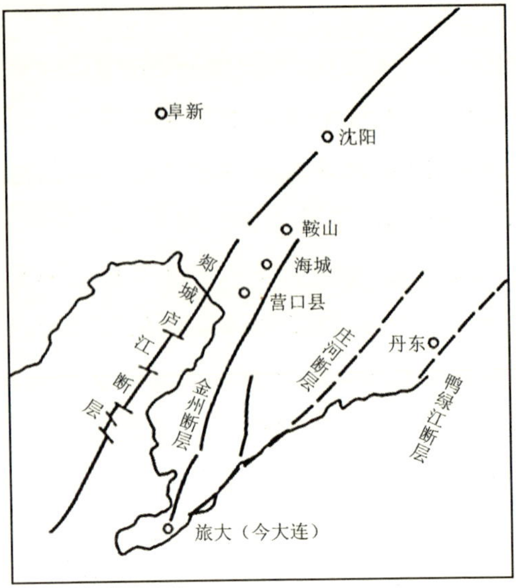

图 2 东北地区的活断层

地下水中仅含有微量，其半衰期为 3—5 天，这与近期地下发生的异常现象相吻合。

种种迹象表明，横穿渤海湾，纵贯华北、东北地区，自北东向南西延伸的郯城—庐江断裂带，地震活动正向北东方向推移。

1970 年年初，在北京召开了全国首届地震工作会议，会议确定华北、东北地区为地震工作重点监视区，这在中国被称为长期预报。仅华北、东北地区就比整个日本列岛面积还要大，地震预报专家们的工作就是缩小重点监视区域，预测哪个地方、什么时间、可能发生多大规模的地震。从 1966 年开始，各地迅速建立了观测地震前兆现象的地震台网。通过这些地震台网与各地负责地震行政工作的地震办公室互相配合，对收集的数据资料进行分析，同时向各行各业以及群众普及地震知识。

辽宁省是工业和人口较为集中的大省。全国首届地震工作会议召开之后，国家地震局配合辽宁省革命委员会（以下简称为革委会)成立了地震大队，在全省开展了各种地震预测、预报活动。第一阶段的工作目标是尽量圈定可能发生地震的地区范围。

第一阶段自 1970 年开始到 1973 年为止。在这 4 年期间，地震地质专家学者对辽宁省的地质构造进行了综合考察，结合历史上地震资料的分析，对活断层与地震发生之间的关系作了详尽的调查。在调查过的主要活断层中包括郯城—庐江断层和金州断层。另外还反复进行了水准测量，同时为了了解地壳构造特征，实施了大范围的人工地震调查和地磁测量。

在大规模的调查过程中，又建起了地震观测台站，以便在固定点连续监测地壳的活动情况。其中规模较大的被称为

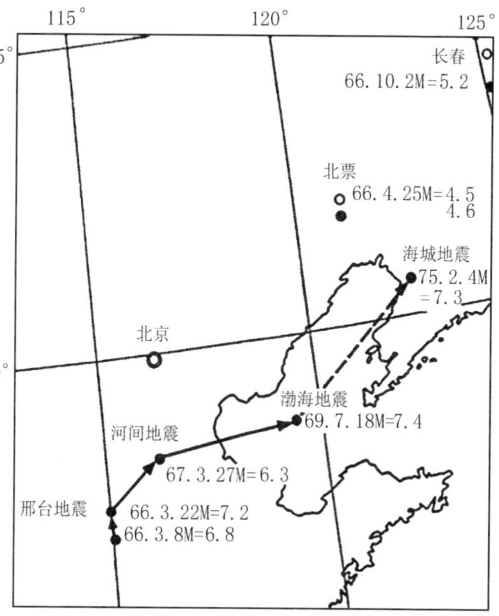

图 3 地震活动迁移

地震基准台或中心台，配备十几名专职人员。此外，在地震基准台下面又设立了地震台，设置观测仪器监测若干固定的项目。这些地震台站的主要职责是，通过高灵敏度的地震台网，监测了解微小地震的日常活动状态，连续记录分析地倾斜等地壳变动情况，这为监测地壳活动起到了很大作用。

地震专家经过大约 4 年的调查研究，对地震发生的可能性作出了重要判断，即辽宁省有可能发生较大规模的地震，特别是与其他地区相比，省南部和辽东半岛发生地震的可能性要更大，今后应该重点加强监测。

我们详细看一下得出以上判断的根据及其分析结果，可以总结出以下四方面的内容：

（一）1966 年邢台地震之后，华北及渤海、东北地区发生过六次 6 级以上的地震。这种活动程度在日本列岛算是平静状态，然而对中国东北地区来说却是件引人关注的大事。

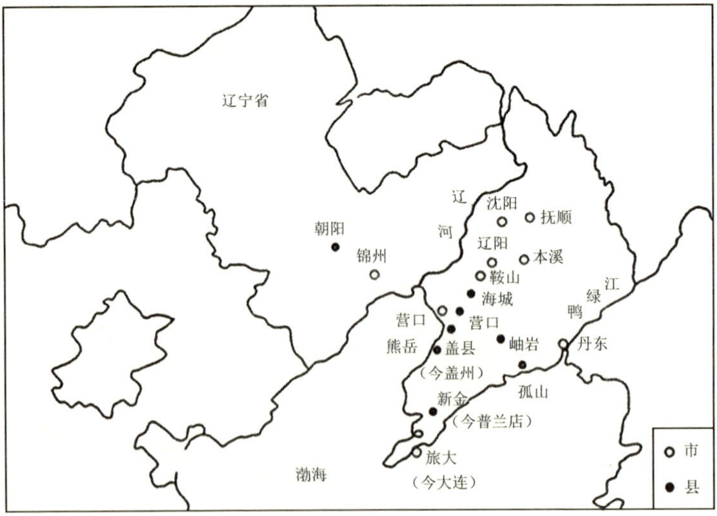

图 4　辽宁省地名

据统计，自公元前231年以来，东北地区平均30年才发生一次6级以上的地震。由此可以看出，华北、东北地区已进入了地震活跃期。

（二）分析活断层与地震活动的关系，我们可以知道郯城—庐江断裂带在历史上曾经发生过几次大地震，其中最大的地震是1668年发生在临沂的8.5级地震。此断裂呈北北东走向，朝辽宁省方向延伸。此外1966年邢台地震之后，地震活动沿此断裂带向北北东方向移动的现象得到证实。

（三）根据野外地质调查结果知道，辽宁省南部及辽东半岛地区的主要断层且目前正在活动的活断层，特别是金州断层的活动异常活跃，营口、熊岳、金州、鸭绿江河口等地都曾发生过大地震。该地区最近不断发生3—4级的小地震，由此可以判断这个地区是地震发生可能性较高地区。

（四）水准测量的结果显示，最近十几年辽宁省东南部持续相对上升运动，西北部地势相对沉降。而营口附近是沉降运动的中心地带，从盖县至海城这条线来看，本地区上下变动量十分剧烈，由此可以预测在不久的将来，这里将发生大的地震。

以上四点就是基于长期预报进行重点调查而得出的结论，特别是对以辽东半岛为中心的地区，开展了更为强有力的调查工作。自1973年下半年开始，地震预报工作进入第二阶段。到底几年之后才会发生地震？在辽宁省南部，特别是辽东半岛的哪个地区，将发生多大震级的地震？在本阶段的工作中，地震预报专家们必须对诸如此类的问题作出具体的解答。

为此，辽宁南部加强了各种大地震前兆现象的观测，增加了以地震台站为中心的地形变、地磁等流动观测，对可能出现中期或短期前兆现象的各项手段实施观测。要完成这些观测任务，仅靠地震专家和有限的观测仪器是远远不够的，必须与拥有高精度观测仪器的工厂、学校、国家机关等合作，设置观测点，构建捕捉地震前兆的密实观测网。在中国地震工作“专群结合”、“土洋结合”的大方针指引下，各地的地震预测预报工作蓬勃开展。

第二阶段

在省、市、县、人民公社等各级革委会和党的领导下，在相关各部门的大力配合下，地震观测预报网迅速发展。截至 1974 年年中，观测预报网公布了几项重要观测结果。这些信息都显示，在辽宁南部以及辽东半岛地区，地壳变动急剧地转为活跃。以下四项是较突出的异常现象。

（一）位于金州断层南部的金县设置的短水准地形变观测站，监测到横跨断层间距 58 米的两点间的垂直变化量，自 1973 年 9 月至 1974 年 6 月为止的 9 个月中累计变化达到 2.5 毫米。这个数值与最近两年间的测定结果（平均年变化率 0.11 毫米）相比较，增长大于 20 倍。

（二）在旅大市（注：今大连市）进行的地磁绝对值观测结果显示，1974 年 5 月 22 日的数值与 1973 年 10 月 27 日的数值相比，增加了 21.5 伽马。如此剧烈的增加，有可能显示了地壳内部应力场强度的剧烈变化。

（三）在位于辽东湾沿岸的几个验潮站中，观测到自 1973 年以来，海平面明显上升，最大的上升幅度达 10 毫米。

（四）自 1974 年初开始，辽宁省全境微小地震活动频繁，有几个地方发生的微小地震次数是历年平均值的5倍。

以上几个事实表明，在本地区的地壳内，强烈地震正在孕育、发展过程中。根据华北到东北地区近几年已进入地震活跃期的共识，专家们判断，辽宁省南部和辽东半岛地区发生强烈地震的可能性在进一步增强。

1974年6月，国家地震局召开了华北及渤海地区地震趋势会商会。会商的目的是对此前得到的全部情报信息进行讨论，并对渤海周边地区发生的各种异常现象进行综合分析。最后会议提出了“渤海北部地区一二年内有可能发生5—6级地震”的预报意见，并且要求立足于有震，做到有备无患，进一步加强地震观测、预报预防工作。

中国行政的最高机构国务院在接到报告之后，立刻将会议内容通报相关部委，指示设立地震管理部门，在严格把握地震预报的同时，加强震灾防御工作。另一方面，中共辽宁省委、辽宁省革委会召集各市、地领导，部署了以辽宁南部和辽东半岛为中心的地震观测、预报和防震工作。辽宁省地震办公室根据上级指示，一方面，加强了地震台站的固定观

图5 辽宁省南部地震发生次数的变化

测、各种移动观测工作；另一方面，有关专家深入各市、县、人民公社、村庄，向群众宣传普及地震知识，引导群众加入到简单手段的地震预测预报观测点。

这样，经过近半年时间的抗震防灾宣传，有序推动了中期阶段的工作，为辽南地区人民的地震预测、预报赢得了充分的时间。截至1974年11月底，辽宁南部、辽东半岛地区专群结合的地震观测预报网已经达到相当高的密度，仅营口市一地，群众参与的土地电、地倾斜、地下水、动物异常等观测点就达到232个。

11月，东北三省地震趋势会商会召开。渤海沿岸的各省、市地震专家学者密切配合，交流观测资料，进行反复论证。事实上9月前后收集到的各种数据，比如短水准测量、地磁场、微小地震活动等多个项目显示出，金州断层的活动日益趋于活跃。

经过分析研究，会上提出预报意见，即“营口、大连等地区近期发生破坏性地震的可能性较大，是今后工作的重点地区”。这一结果表明，地震预报的内容进一步具体化，地震发生的时间、地点基本圈定在狭小的范围之内。

第三阶段

1974年12月，预防工作进入了第三阶段。第三阶段的主要任务是捕捉短期前兆现象，以推定地震发生的具体时期。中国的地震专家根据对以往发生大地震前必然出现某些前兆现象，以及进入12月之后本地区出现的各种异常现象开始增多等情况进行综合分析研究，更增添了能捕捉到临震现象的自信心。当然除了专家的努力之外，各种观测、预报小组的热情工作也给予了极大的支持。在厂矿企业，防震指令已下达给各级领导干部，他们迅速部署了抗震防灾的应急措施。

12 月中旬开始，几种异常现象突出显现。丹东地区群测群防点观察到地下水和动物出现异常现象。冬眠中的蛇爬出积雪的地面被冻死；老鼠成群出现，看到人毫无畏惧，显得迟钝呆滞；家畜、鸡鸭等也出现异常。丹东县城东人民公社的孙道意汇报说，在自己家里用手一次就轻而易举逮住了 20 只老鼠。

同一时间，专家的监测数据也出现急剧变化。沈阳地震台的地倾斜仪记录显示，一直向西北方向倾斜的岩体，突然来了个 180 度的大转弯。汤岗子理学治疗院的温泉水氡含量增加了将近 30%。

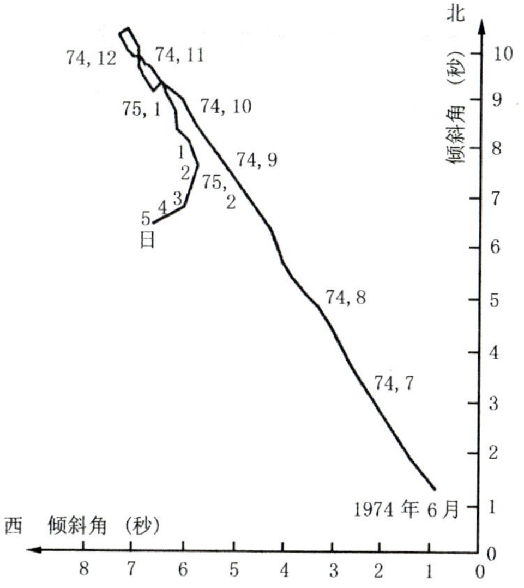

图 6 沈阳地震基准台地倾斜方向的变化

于是专家召开了紧急会商，12月20日提出短期预报意见，指出辽宁南部可能发生5级左右地震。但地域太广，日期也不明确。此时，辽宁省有关地震机构尚未完全发挥作用，因此这种尝试性判断和预报在各地进行了几次。这样就出现了许多问题。相对于20日的预报意见，实际上22日在辽宁省海城县往北70公里的辽阳与本溪之间发生了4.8级地震。预报可以说还算准确，可是某村根据自己的观测资料于28日也公布了预报，甚至实施了避难。然而地震并没有发生。这样，在随时可能发生大地震的紧张气氛中，地震预报的尝试在反复进行着。

12月22日辽阳发生4.8级地震，国家地震局与辽宁省委对此给予了高度重视。省革委会立即电告各地，要求做好紧急防震准备。针对大地震、白天的地震、夜间的地震，要时刻做到常备不懈。1月4日省革委会召开紧急防灾会议，全面部署了防震及震后救灾工作，下达了任务分配与动员计划。会议后，各地展开宣传地震知识特别是防震救灾知识的活动。这一宣传教育活动落实到了每家每户。

各城市、农村、厂矿企业制定出适合本地情况的地震防灾措施和对策。在省革委会的指导下，部分矿山、钢铁厂、人口密集居住区进行了地震防灾演习，对重要水库、矿山、工厂、港口、危险性建筑物等进行了检查和加固。1月上旬，对水库、铁路、电力、大型建筑物、存放有毒气体等危险物的场所，进行了防灾处理。

地震观测、预报工作得到进一步加强。例如辽宁省冶金地质调查公司102大队根据上级指令，成立了地电观测组，1月4日放置了仪器，1月7日开始观测作业。

对于专门从事探测金属矿床的102大队来说，用土地电方法进行观测，可以说是轻车熟路。虽说是群众性观测，但是像102大队这样运用本职专业技术、利用闲暇时间配合进行的业余观测，可以说质量还是很高的。102大队的业余观测资料为临震预报作出了很大贡献。

1975年1月中旬，国家地震局召开了全国震情会商会，对东北地区各种异常现象进行了综合分析，并且与华北、渤海地区的地震活动背景相结合，得出“辽宁省营口、金县一带以及丹东地区，今年上半年有可能发生5.5—6级地震”的预报意见。此意见进一步缩小了地震发生的区域范围并限定了时间。

得出以上预报意见的根据如下：

（一）观测到的动物和井水异常主要分布在辽阳、本溪、鞍山、营口、锦州及大连地区。出现异常反应的动物除了蛇、老鼠、鸡、猪之外，还有鹅、鸭、鸟、鱼、马、牛、羊、犬、兔、猫、虎、鹿等20多种，异常表现为受惊、发呆、受惊奔跑、狂吼、不吃食等。此外还有井水水位的明显上升或下降。当时对81口水井观测发现，其中55%的水井出现水位上涨，15%的水井出现下降，30%的井水变浑或冒泡，还发现几处地下水涌出地面的情况。

（二）金县的短水准观测数据显示，自1974年9月以来持续发生的变化速度放缓，结合岩石破裂实验时的变形情况分析，可以推断这一地区已处在随时都有可能发生地震的状态之中。

（三）从1974年发生的小地震分布地区来看，金县—营口一带成为地震活动异常减少的空区。

基于随时都可能发生大地震的共识，各地开展了对群众的宣传教育。生长在辽宁的群众没有经历过大地震，所以对他们进行的宣传教育大体分为三个步骤：第一步是为什么会发生地震？第二步是地震前兆是以什么样的形式出现的？第三步是发生地震前，应该做好哪些准备工作？在这些宣传教育中使用了人们通俗易懂的电影、展览会、黑板报、海报、幻灯片、宣传彩页等形式。

鞍山市海城县牌楼人民公社丁家沟大队的地下可能很快就要发生大地震。这里只有150户人家，村民都接受了宣传教育活动。部分老人根据自身经验，强调不会有大地震。虽然他们曾经听说过地震，但是认为地震只不过是锅碗瓢盆相互碰撞而已。地震宣传人员不辞辛苦，耐心解释，张贴大字报，反复开会，为提高群众觉悟作了不懈努力。不久大队设立了抗

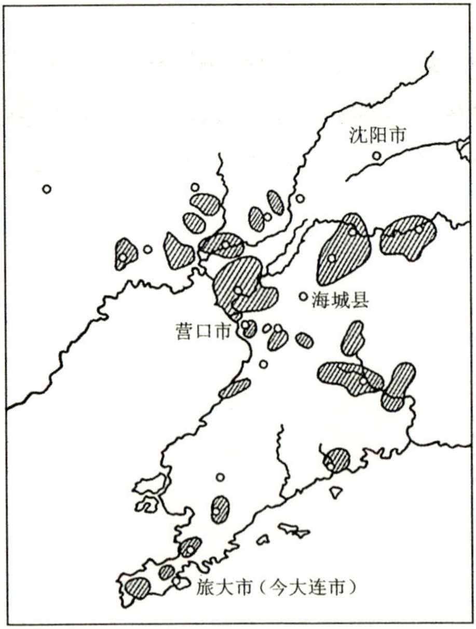

图7　临震前的动物异常分布

震防灾指挥部，在各个居住区配备了联络员。此外还成立了11个学习小组，大家这才开始了积极参与异常现象的观测。

营口市人口约240万人，是距离震源最近的城市。在营口市西市区向阳公社的阳光街，实施了与市区环境相配的防震对策。1月中旬，阳光街也开始对群众普及防震知识。一开始群众反应两极化，一部分人认为，根据自身经验，地震只是轻微摇晃，无可畏惧，预报可能弄错了，不必大惊小怪。另一部分人则觉得地震十分可怕，将会造成天崩地裂，无人能够逃脱灾难。还有人每天大吃大喝，准备将自己的财产全部用光。街道的干部开办了夜校，想方设法向群众普及地震知识。经过一段时间的宣传教育，他们逐渐懂得了过分担心与过分大意都不可取，认识到只要做好准备就可以战胜地震灾害。

就这样，街道干部一边向群众广为宣传，一边对阳光街道进行全面排查，对67栋危险建筑做了标记，找到了30名老年人、病患和残疾人以及6名孕妇，分别派专人负责照管他们，并指定了避难所，建立起联络系统。

第四阶段

第四阶段是捕捉大地震临震前的各种征兆，发出临震预报，引导群众避难的最后阶段。

根据全国地震会议精神，在辽宁省革委会的指示下，省地震办公室于1月28日召集营口、盘锦、旅大、丹东等地的地震办公室及地震台站的负责人，召开紧急会议。根据会议精神，一方面，继续深入群众，大力宣传防震救灾知识，切实落实到各家各户。另一方面，进一步加强观测工作，各机关、工厂、矿山、城市、农村都要切实做好防震救灾实施工作。

通过多次召开会议，分配工作，各种宣传教育的成果也逐渐显现出来。逐步加深了民众对地震事业的认识，进一步提高了民众防震的警惕性。民众开始积极参与对大地震的预测、预报、预防，一旦发现异常情况，立刻报告专家所在的地震台站或地震办公室。

1月30日开始，沈阳地震台的倾斜仪记录的地倾斜方向，从东南向西南方向突变。1月31日沈阳地震台召开震情讨论会议，得出了近期有可能在辽阳地区发生5级地震或者在金县—盖县地区发生6级地震的结论，并上报到省里相关部门。

进入2月份，观察发现的异常现象进一步增多，各种各样的动物行为异常现象不断增加。鞍山市梅花鹿养殖场的鹿，不时受惊乱跑，不时猛撞围栏。其中一只3岁小鹿想跳出栅门，结果导致前蹄骨折。

而营口、海城一带发现的井水异常不断增加，专家重点

地质102队观测地震的仪器

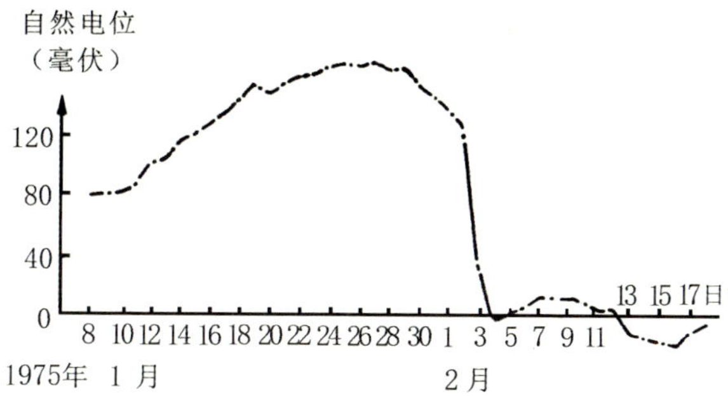

图 8 102 队观测的自然电位变化

观测的几口水井也同样发现了异常。例如，盘锦的几口井水位不断上升，其中 2 口井水喷出了地面，相反原来喷水的汤冈子温泉反而有三次不见出水。在岫岩县哨子河人民公社发现池塘水中混入了气体，冲破水面冰层开始向外喷水。

营口地震台的土地电记录 2 月 2 日发生了急剧变化。自 1 月初连续观测的地质勘探公司 102 队的记录显示，此前地电位差一直稳步增加，而从 2 月 2 日却开始急速下降。同样，虎庄邮局电话分局群众观测点的数据出现了明显的异常变化，沈阳地震台倾斜仪的变化也十分剧烈。

而专家眼中还有更加严重的异常现象：2 月 1 日营口地震台的高精度地震仪显示，在距离营口大约 20 公里的地点开始发生微小地震。2 月 1 日发生了一次小震，2 月 2 日增加到七次，这是此前的观测记录中几乎从未出现过的新的地震活动现象。3 日早上这种活动一度有所抑制，自下午开始突然以更惊人的频度急增。到了傍晚，地震活动达每小时 20 次，频度越来越高。营口地震台根据周围的群众观测点数据分析结果和微小震活动情况，断定近几天当地可能会发生强烈地震，并将这一意见提交到省地震办公室和市革委会。

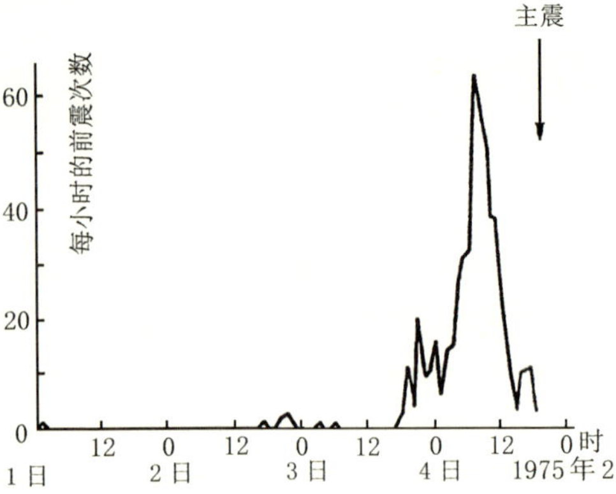

图9 海城地震的前震群

避 难

辽宁省地震办公室不断收到各地送来的地震观测报告。2月3日夜里，省地震办公室针对这些报告召开会议，进行了认真的研究。2月4日凌晨0点30分，省地震办公室决定将“海城、营口地区的微小震之后，很可能有较大地震发生”这一预报意见提交给省革委会，同时对各地观测到的各种异常现象进行了说明。

2月4日上午10点，辽宁省革委会根据省地震办公室提交的预报意见，向全省发布了临震警报和防震指示，对以鞍山市、营口市为中心的地区发出具体防震抗震指令，并发出了紧急电话通知。下午2点省地震办公室搬迁至海城县，在那里召开地震防灾会议，向营口、海城方面的负责人传达了会议精神，具体研究了防震措施，部署了防震工作。

4日上午，微小地震发生的频度进一步增加，地震规模即震级逐步升级，分别发生了4.7级和4.2级的有感地震。这一活动在上午达到顶峰之后，突然又开始下降，12点过后异常现象逐渐消失，犹如暴风雨前的平静。

上午10点接到通知之后，以鞍山、海城、营口为主的各地革委会分别召开了紧急会议。一直连续观测的鞍山市海城县牌楼人民公社丁家沟大队的群测点观测到，自下午开始井水由清变浊，鸭子一下子飞了100米远。接到上级指示后，以干部为中心召开紧急会议，会议作出“人离屋，畜离圈”的决定。大队干部分头行动，挨家挨户动员大家撤离房屋。其中有两位82岁和93岁的老人固执地认为绝对不可能发生地震，怎么也不肯离开家。村民们为两位老人搭建了防震棚，村干部苦口婆心地劝说。下午4点左右，两位老人终于答应了离开家到外面避难。

丁家沟大队附近有座菱镁矿，矿上有3800名工人，工厂附近包括职工家属在内住着大约1万多人。矿上职工和家属也同样开始做避难准备。为了不耽误生产，又能保证人身安全，工厂方面真是费尽心机，负责人挨家挨户动员，最后只有一位老太太死活都不肯离开自家屋子。

在地质102队观测点，地电观测仪指针从3日开始剧烈

海城县菱镁工厂

地震致使冰块被推挤上水库大坝

摇摆，无法观测。大家已经感觉到大震即将到来，因此接到上级的指示以后，他们立即投入到抗震救灾的准备工作中。

营口市营口县官屯人民公社石硼峪生产大队，连续3天监测到发生了小震，当小震活动突然消失的时候，他们推断大地震已经临近，因而接到上级指示后，立即采取应急预防措施，将群众集中到广场，晚上开始放电影。

虎庄公社邮电支局接线员不断接到紧急电话，忙得不可开交。在他们边上放置着自制的土地电仪和记录本。大地震马上要发生。接线员们为了群众的安全，不顾自身安危，争先恐后要求值班。

营口市西市区向阳公社也成立了抗震防震指挥部。破坏性地震发生时，日常机构都将无法运行。以地震办公室为中心，成立指挥部，推进建筑物的加固工作，对交通、电力、通信、物资调配等进行了细致分工，手把手地教群众如何使用报警器。警报首先通过报警器和扩音器传出来，然后由市宣传车队巡回广播。

4日上午，区革委会召集区、公社、街道各级革委会同时召开紧急会议。下午 3 点，向阳公社阳光街道在革委会的指示下，出动了由 38 人组建的急救队，挨家挨户检查，通知各个家庭晚上千万不要睡觉，要穿好衣服，准备好防寒用具。听到避难警报后，马上熄灯灭火，前往避难场地集合。事先进行的几次避难训练中，自警报响起至避难开始，动作快的人大约 8 秒钟，慢者约需 1 分钟。急救队还通知各户避难时不要慌张忘记孩子，丈夫照顾老人，妻子带好孩子，分工明确细致。

这时，辽宁省地震办公室、地震大队的专家们对所收集的资料数据又重新进行了一次分析研究。2 月初辽宁南部夜间的气温会下降到零下 20 摄氏度。大家心里都明白，如此寒冷的夜晚在室外避难，即使不发生地震，也会被冻死。防震指令已经下达了，营口、海城地区一定会发生大地震。可是并没有确定的资料显示究竟什么时间发生大地震，或许就在下一个瞬间，或许是一周之后。唯一可依赖的就是根据事先制订的防灾计划建设完成的防震棚等设备。各地避难活动顺利实施，一旦观测到关键性的异常现象，立即拉响最后的警笛。

海城粮食仓库的喷沙和水

大地震发生

当晚，石硼峪生产大队准备了 4 部电影。正在放映第二部时，晚上 7 点 36 分 06 秒，7.3 级的破坏性大地震发生了。石硼峪 90% 的房屋被破坏，死亡 3 人。这 3 人一开始出来避难了，但是他们不相信预报，到了晚上老人又带着孩子回家，结果不幸遇难。

海城县牌楼公社丁家沟大队正好处于震中地区。地震时地声隆隆、地光闪闪，地面忽上忽下，犹如小船行驶在波涛汹涌的海面上。80% 的房屋倒塌，600 亩梯田有 400 亩遭到崩塌破坏，9 处蓄水池全部崩裂，水流殆尽。然而因为有临震警报，没有一人一畜伤亡。

露天采石矿现场几十米高的山腰，因地震山体崩裂，岩石滑落。菱镁矿区 1 万多口居民，除了一位固执的老太太之外，大家都平安无事。

地质 102 大队的 1000 多口居民也都平安无事。虎庄邮电支局的话务员吴春霞、解女士等职工，不畏地声、地光一直坚守在工作岗位。地震导致墙壁坍塌，解女士被压在下面，

海城地震震裂的山腰

当支局的李局长把她救出的时候，她还在问“电话机没坏吧？接线工作没有中断吧？”公社的建筑物几乎都倒塌了，但幸好没有伤亡。

阳光街道也没有一人死亡。这里同样出现了地声、地光现象，建筑物、道路如同在波浪上起伏，许多房屋倒塌，地面开裂，河床有沙子和水喷出。这个地区的老人和病人早早就被转移到安全地带，许多人在最后警报响起之前一直耐心等待着。一名李姓人家，先将自己的孩子转移到安全地带之后，又帮助邻居 77 岁的大娘和 79 岁的大爷避难。还有一家姓王的，丈夫因病住院，妻子带着 4 个孩子。他们事先在地震演习中被指导：地震时最大的孩子要负责带好老二和老三，母亲负责带好最小的孩子；由于避难通路狭长，如果万一来不及避难，就紧挨着西侧的混凝土墙。大地震发生时，3 个大孩子迅速避难，平安无事。但眼睁睁看着自家房屋倒塌，妈妈和最小的孩子却没出来，他们大声叫着“我妈压在房子下

虎庄邮电支局的受灾情况

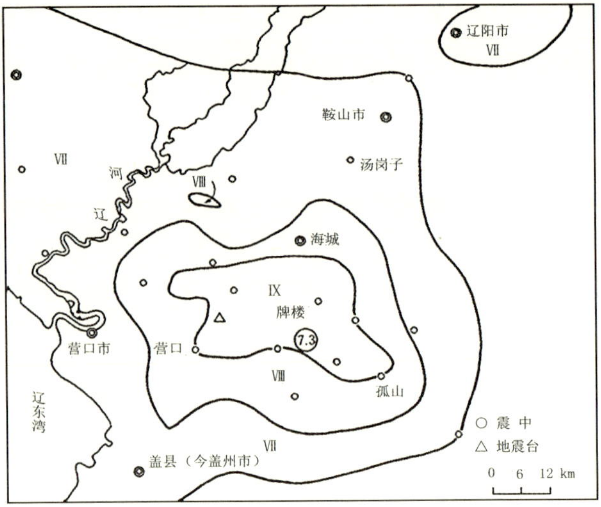

图 10 海城地震的烈度分布（中国地震烈度表 参照 79 页）

面了”。不过当救助人员前往搭救时，却看到他母亲一边说“没事，没事”，一边带着最小的孩子从事先指示的混凝土墙角爬了出来。

震后的重建工作也因事先准备周到而有条不紊地进行着。菱镁矿山从 7 日开始恢复生产，到 2 月底就完成了原先的既定生产目标。阳光街道稍微远离震中地区，当震后第二天救助队到达的时候，当地居民已经开始搭建起临时住宅。政府的应对措施也很快，地震发生后 1 小时， 就掌握了震中地区的受灾情况，党和政府向人民解放军及各省、市发布了救援命令。事先制订的计划和防灾训练发挥了很大的作用。待机中的专家和技术人员，在地震发生后 1 小时内就恢复了通信，5—6 小时之后恢复了电力。

震后，地震预报专家继续对观测数据进行监测分析，2 月 5 日、6 日又发出了余震临震预报，而且指出此次地震有可能会诱发其他地区发生强烈地震。省会沈阳市远离震中，此次地震中没有什么危险。尽管如此，一部分市民仍然觉得不安，不肯回家睡觉。海城地震4个月之后，沈阳地震台的专家们得出结论，认为本地区发生大地震的可能性极小。省革委会十分重视这一结论，马上下达通告让人们安心工作，放心生活。

楼牌人民公社丁家沟大队副队长孙女士带我们参观了震灾后重建的崭新漂亮的村子，她介绍说震后第二天就开始了重建工作。她还热情地为我们介绍了建设人工平原和推进农业机械化等情况。望着丰收的庄稼，她那宛如这里的主要农产品苹果一样红彤彤的脸上，洋溢着自豪的笑容。

在依然保持震前模样的电话机房前，虎庄公社邮电支局的吴春霞女士为我们描述了大地震发生时的情景。她微笑着说："今年春天又分配来新的话务员，我们一定会携起手来，继续地震预报工作。"总机上放着土地电观测仪和观测记录，上面工整地写着定时观测的数据。

吴春霞女士在讲述海城地震的预报、预防情况
左为国家地震局安启元副局长，右为虎庄邮电支局李永平局长

龙陵地震

——地震多发地带的预报

云南省

海城地震的成功预测、预报、预防，被《人民日报》等多家媒体广泛报道，中国地震事业在10年中取得了巨大的进步，让每个中国人感到自豪。中国民众通过报纸、电影、海报等了解到了详细过程。为此上海电影制片厂制作了一部好看的彩色电影，名字叫《地震的群测群防》，专门介绍这次预测、预报地震的成功经验。这部电影也赠送给日本地震学会，在日本曾经多次上映。中国已经拍摄了好几部地震教育电影。

电影中有个从云南省省会昆明市中心百货商店开始的镜头。中国大地震多发，尤其云南省，在中国属于大规模活断层特别活跃地区，也是浅源大地震多发之地。云南省地震局和昆明地震基准台位于昆明市北郊，在中国地震事业中占有重要的地位。目前云南省地震局的工作人员大约700人，其中地震观测台站的科技人员约200人。

1976年5月29日，云南西部的龙陵县先后发生两次强烈地震。晚上 8 点 23 分，发生了 7.3 级大地震，紧接着晚上 10 点 0 分又发生了 7.4 级大地震。在大震发生前，震中地区发出了临震预报，有效地保护了人民的生命和财产安全。这次大震的成功预报是继 1975 年 2 月辽宁海城地震成功预报之后的又一实际例证。云南省的预测预报工作自 1970 年以后得到了急速发展。

地震事业的构建

预报工作的第一阶段还要追溯到 1974 年以前。1970 年 1 月 5 日，发生了里氏 7.7 级的通海大地震，当时以通海县为中心的震灾区受害极为严重。这次震灾，促使云南省人民的地震预防意识迅速高涨，无论专家学者还是平民百姓都开始关注地震预防。通海大地震前，专家的认识仅仅局限于指出

昆明市西山的断层崖

通海县高大公社的地震断层

本地区可能会发生大地震这一水平，还没有上升到保护群众生命财产安全的高度。虽然这次地震前，群众已经观察到许多地震前兆现象，但是由于缺乏地震常识，没能将其与可能发生大地震联系起来。

有了通海地震的经历，人们意识到只靠专业的观测远远不够，必须贯彻“专群结合”、“预防为主”的方针。紧接着1974年5月11日，在云南东北部的昭通发生了7.1级大地震。震前专业人员虽然成功记录了许多宝贵的前兆现象，但还是没能及时发布能够保护群众生命安全的地震预报。

通海和昭通两次地震的发生，对预测下一次大地震的地点提供了有益的条件。纵观历史资料，同一个地区连续发生里氏7级以上地震的可能性极小，因此如果下次地震再发生的话，那么云南西部地区发生的可能性较高。1973年在下关—腾冲—龙陵一带进行了一等水准测量，与1958年的测量数据相比较发现，澜沧江以西地区隆起明显，平均隆起量达50毫米。大震前，震中地区出现地面隆起现象，这在日本也有很多研究报告。

1970年通海地震之后，专业研究取得了很大进步，同时面向群众普及地震知识，设立观测机构的工作也取得了进展。面向群众发行的地震出版物有几十种，达到几百万册。得到群众支持合作的简易观测点也逐渐多起来，大部分设立于学校，其余的设置在气象台、工厂和人民公社等地方。云南省方圆40万平方公里，境内活断层带纵横交错，地震活动频繁，地震发生机制各异。即使设置了专业观测台站，数量也有限，专业人员依然不足。为了弥补这一缺陷，就必须依靠人民大众，设置群测点，邀请群众参与就等于向大众普及地震知识，预报的效果就会事半功倍。

云南省分为7个地区，其中包括4个市和120多个县以及自治县。除了文山地区之外，省内大部分地区都位于地震带上，约90%的人口生活在地震带上。这些地区、县都设置了被称为“地震办公室”等与地震相关的管理机构，以便顺利地与周边群众相互进行配合。

1974年12月，在西南地区地震形势会商会上研究了与

建水县曲江公社的喷沙和喷水

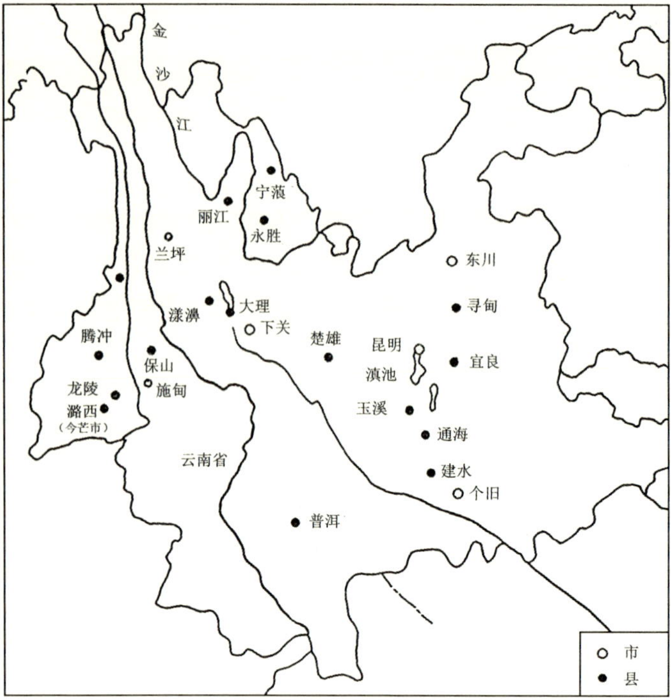

图 11　云南省地名

测量结果、地震活动等相关的资料数据，其结果被提交到1975 年 1 月召开的全国地震形势会商会。会上提出预报意见，指出“滇西地区近一二年有发生 7 级大地震的危险”，云南西部因此被指定为全国重点监视地区之一。全国会商会的预报意见上报给了云南省革委会。

地震工作会战指挥部

预报预防的第二阶段即是加强捕捉地震前兆现象的阶段。根据全国会商会讨论结果，云南省革委会采取了如下措施：

（一）向相关地区的各级党委传达会议精神，要求加强地震工作。

（二）成立滇西地区地震工作会战指挥部，统一指挥相关地区的地震工作。该指挥部于1975年3月6日成立，总部设在下关市。下关市为云南省西部地区的交通要道。

（三）全面检查云南西部地区的水库、桥梁、工厂、房屋等的抗震性，对需要加固的建筑物拟订具体计划。该工作由大理地区革委会负责。

以上一系列措施都在上层内部进行，也就是说并未直接通知民众。因为担心提前采取防震措施会增添民众的恐慌，因而采取了在临震前尽量不向民众声张的方针。看到有关专业人员在工作，有时民众之间就开始传播地震要来了，引起了一些地方的混乱。有人觉得反正要死了，于是将自家养的鸡杀了吃掉。云南省自1970年以来就开始拥有地震事业的基础，专业人员为了让民众放心生活，安心生产，不断积极热情地对民众宣传教育，为此进行了不懈的努力。

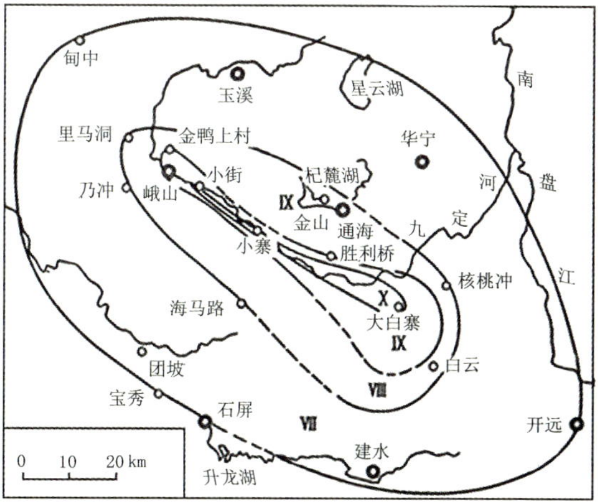

图12 通海地震的烈度分布

根据云南省地震工作者的经验，对防震知识的宣传越彻底，群众的恐慌就越少。必须告诉群众地震的发生机制是什么、地震发生前有哪些征兆，地震是能够预测的，也是能够预防的，发生地震后应该怎么办，等等。宣传教育手段多种多样，放映电影是经常使用的手段之一。1975 年一年里，云南全省放映地震知识教育片 3600 多次。此外还使用幻灯片、海报、宣传手册等方式。全省 80% 以上的群众直接接受过防震知识普及教育。滇西指挥部印制了 60 万份宣传手册，每个村子可以分发两三本。龙陵县地震办公室自己印刷了 1 万册资料，通过文艺活动或课堂进行普及教育。

在每个村、每个工厂建立观测点，有效防止了群众的混乱。简单的群测点增加到 99 处，观测地下水、动物异常的“宏观哨”群测点达 1900 处之多，群众业余观测员增加到 3000 人。这样经过一年的工作，“群测群防”的力量一下子增加了几倍甚至几十倍。当然海城地震的成功预防，也极大地鼓舞了云南人民的抗震防震信心。

云南省同时也大力加强了专业的地震前兆观测工作。1975 年在云南西部地区增设了 4 个地形变监测站、4 个水氡观测站、3 个地磁观测站以及 4 个移动队，比原来增加了一倍。云南西部地区多次召开地震联防会议，群测点也每天召开会议，将当天的观测资料数据、分析结果报告指挥部。

每当收到群众观测到的异常现象报告，专业人员必定会前往现场，进一步进行详细调查，确认这种异常现象到底是否与地震有关。1975 年春天，有人报告云南西部地区大范围发现蜜蜂行动反常，30 多个县境内的蜜蜂突然一起飞往距离几百公里之外的四川省。北京生物物理研究所派来专家，与昆明地震局的工作人员一起到现场进行调查。最后的调查结果确认，这次蜜蜂的异常行动与地震没有关系，而是蜜蜂生病的缘故。

大震前一年

1975 年中期开始，几个专业观测台站的数据慢慢出现异常。下关台自 5 月开始检测到地下水氡值由以往基准值的 2.0 埃曼，增加到 2.35 埃曼。地应力的 N30°E 方向的量值，自 5 月末起减少了 10%。宜良也检测到地磁偏角自 5 月起开始发生变化。通海的地倾斜从 6 月开始发生异常。这些异常变化都开始得比较缓慢，而且涉及的范围很广。这被认为是中期阶段特有的前兆现象。

9 月 4 日和 12 月 1 日，在漾濞和丽江分别发生了 5 级地震，两次地震预报均获得了成功。这增强了专家的信心，也为今后的地震预报积累了宝贵的经验。

10 月，指挥部成立移动测量队，在保山、腾冲、龙陵一带进行了重力测量。根据观测结果，11 月召开了云南省地震形势会商会。经过研究分析，得出了“在碧江、泸水、龙陵、瑞丽一带有可能发生 6 级地震”的预报意见。

大震前半年

1976 年 1 月，国家地震局召开全国地震工作会议，以上预报意见得到肯定，大会一致认为有必要对云南西部地区加强监视，预报工作迎来第三个阶段。

1976 年 2 月，云南省革委会召开了有群众参加的地震工作者讨论会议。在这次会议上，与会者虽然对地震发生的时间和地点没有达成一致意见，但是确认了在全省大范围内开始出现的异常现象。会议讨论的结果以书面形式被分发到全省 7 个地区，其中也包括云南东部，因为在东部宜良等地的观测台站也发现了异常现象。这份书面报告还要求进一步加强地震监测，各地区要紧密联系，积极配合，共同预防。

此时人们发现小地震的发生方式已经很有特点。首先是 1975 年云南西部地区中小地震活动频繁，呈两条带状分布，在保山、腾冲、龙陵地区呈现交叉的“く”字形。人们认识到在两个活动带的交叉点往往多发生强烈地震，因此加强了对这一地区的关注和监测。

从 1976 年 3 月，各种异常现象开始出现。3 月到 4 月初，上述地区的小震活动变得异常平静，完全没有发生 4 级以上的地震；下关地下水中氡的含量自 3、4 月开始下降；宜良的地磁偏角、通海的地倾斜记录也发现异常。从各地专业人员所在的地震台不断发来预测意见。

昆明地震大队水化学组向云南省地震局提交了一份报告，报告中阐明“云南西部有可能发生 6—7 级地震，5 月以后进

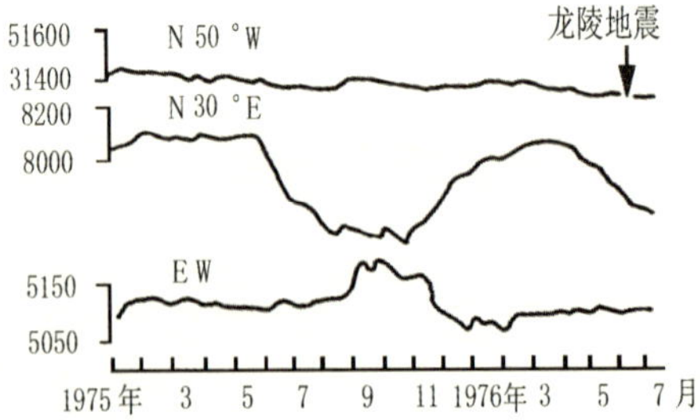

图 13　下关地区的地应力变化（应力变化的具体数值不明）

入危险期”。玉溪、宜良等8个地震台站也将书面预测报告提交到省地震局。省地震局综合以上意见进行分析研究，最后得出“确实已出现异常现象，有可能发生破坏性大地震”的意见，并上报给省革委会。

4月中旬，经过一个多月平静期的小震活动又突然活跃起来，而且震级逐渐明显增大。4月23日至5月6日期间发生了6次4级以上的地震，最大的一次达到4.7级。其他异常现象也有所增加。云南省地震局向北邻的四川省地震局以及北京、上海等地震局报告震情，同时听取近邻地区的情况，再次征求意见。5月7日云南省地震局向省革委会提交了一份报告，阐述了云南震情的严重性，建议迅速强化指挥部，召开研讨会商会，以及调整人员配置等意见。

震前一个月

5月13日，云南省地震趋势会商会再次召开。此前已经收到26个地震观测台站的书面意见：异常现象不断增加，而且规模在逐步升级。这次会商会的研究结论为，由于云南东部地区异常现象增多，因此“5月中下旬，小江断层的中部地区有可能发生5—5.5级地震”。小江断层是位于昆明市以东50公里处，呈南北走向的活断层。此外会议也强调指出“另一个有可能发生地震的区域是西部地区，这里有发生7级强烈地震的背景”。这样云南省就对上述两个地区发出了地震预报。省革委会5月14日接到预报意见后，于5月15日向党中央委员会和昆明军区报告的同时，向有关部门转达了预报内容，并向全省发出了防震抗震通知。

从此刻起直至地震发生是地震预报的第四个阶段。此前积累的所有工作与经验，都将化为临震警报的形式，为保护群众的生命和财产安全作出积极贡献。在此之前，云南省还从未有过预报 7 级以上地震的经验。不过专家根据以往几次成功预报较小地震的经验，找到了一种感觉。省地震局的专业人员们根据多地出现的异常现象产生了一种直觉："可能发生强烈地震，而且这次的震级要更大。"但是对于"何时发生？在哪里发生？震级多大"等问题却难以回答。总之他们觉得必须增加观测人员，更加细致地做好防灾准备工作。

震前半个月

5 月中旬起，临震异常的报告越来越多，其中有关地下水异常的报告尤其引人注目。保山地区发现多个异常现象。以大理县为中心，楚雄、丽江等地报告说地下水和温泉出现异常。17 日寻甸地下水中氡的含量骤然增加，由原来的 2.5 埃曼增加到 7.5 埃曼。宜良台站观测到地磁垂直分量由原来的 17 伽马，增加到 5 月 17 日的 70 伽马。观测员根据这些异

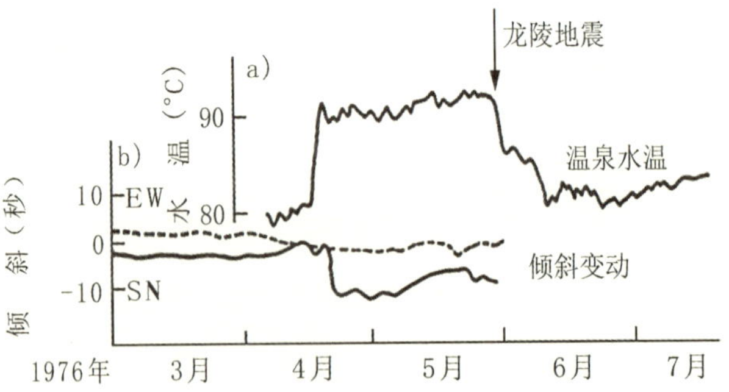

图 14 龙陵县地倾斜与温泉水温的变化

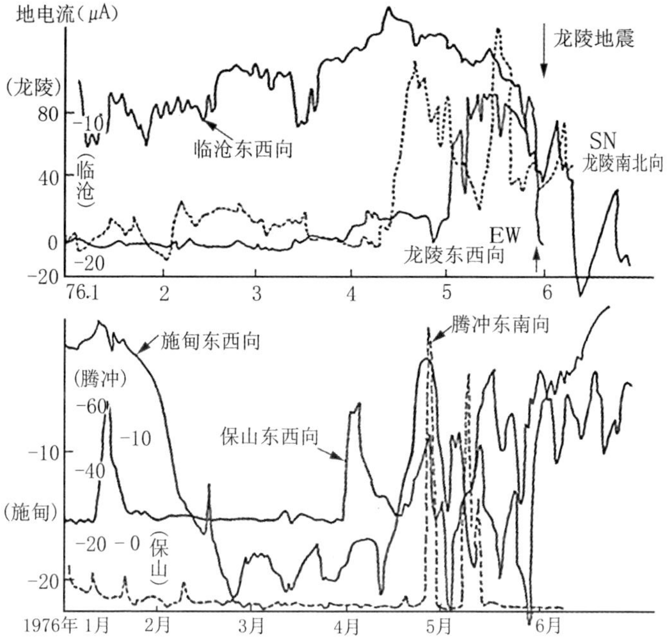

图 15　地电流日平均值的变化

常现象判断出“近期内必定发生大地震”。此时还接收到了有关动物反常行为的报告。

5 月 18 日云南省地震局向国家地震局征求意见。国家地震局的意见认为，“云南西部的普洱、思茅地区有可能发生 6 级以上强烈地震，时间大约在 5 月下旬到 6 月上旬之间”。省地震局根据国家地震局的意见，结合自己的分析结果，向省革委会提交了第4份意见报告。意见报告强调：“在严密监测、加强戒备的同时，进一步加大宣传力度和值班工作。特别是相关干部要有紧迫感，不要给群众造成恐慌，不要影响生产。”

到了 5 月下旬，各种异常现象进一步增多。各地观测员送来的意见报告也逐渐具体化。例如，滕冲第二中学的群测点根据对泉水观测提出“腾冲、龙陵、梁河三县的交界处，5月27日至6月5日有可能发生6.5级地震”。缅甸边境的碧江县革委会电告省地震局“5月28日至30日兰坪附近有可能发生5—6级地震”。

震前四天

5月25日国家地震局再次向云南省下达指示，强调南北构造带南端附近有可能发生7级大地震。5月26日省革委会召集省地震工作者及各部门负责人，包括物资、财政、建筑、工业、卫生、治安、运输、军队等的相关负责人召开了紧急会议，部署防震应急措施，其要点如下：

一、各级党委负责人要亲自值班，准确把握地震情况。

二、预防为主，要立足于有备无患。

三、无论专业人员还是群众都要加强监视，发现异常立即报告。

四、对重要建筑物进行安全检查，交通、通信、卫生、医疗、商业等有关部门要做好相应准备工作。

五、警惕坏分子散布谣言，避免引起恐慌。

省革委会28日向全省传达了这一决定，云南省军区也向全省部队作了传达。省地震局全部工作人员取消休假，宣布进入紧急状态，各就各位。

5月27日，面对即将来临的大地震，龙陵县地震办公室继续对收集的资料数据进行了讨论和分析，提出“6月1日至10日之间，龙陵县东北或东南100公里范围内，可能发生5—6级地震”的预报意见，并提交给省地震局。5月28日，他们与邻县地震办公室交换了意见，继续分析研究。大震临震之前，除了专业人员各小组意见外，提出“6月3日前后3天有可能发生强烈地震”的腾冲第四中学等许多群测点也有很多有益报告并发挥了作用。

震前一天

5月28日，龙陵县的群众通过电话了解到省地震局的上述决定，在紧张的气氛中，继续认真观测所有手段的资料数据。然而无论省地震局还是龙陵县对地震发生地点仍没有形成统一的看法。这时各种异常现象集中出现在龙陵交界的“く”字形构造带附近。根据以往经验，该构造带发生大地震的可能性最大。

避难警报

5月29日，观测工作丝毫没有放松。傍晚7点58分，突然发生了一次5.2级地震。龙陵县地震办公室根据这一有感地震推断，地震发生的时间将比原先预测的时间提前许多，而且即将来临的地震，震级可能会达到7级。于是大家迅速行动起来。

在得到县革委会的同意后，县地震办公室发出如下指示：

一、面向全县播放防震抗震宣传广播。

二、一旦观测到地光现象，立即拉响警报。

三、继续加强震情监视。

四、深入居民区，组织动员群众开始避难。

由于实行24小时值班制，因此相关负责人能够非常迅速地作出决断，马上采取应急措施。当5.2级的前震仅过去25分钟之后，主震随之发生了，时间为晚上8点23分，震级为7.3级。龙陵县城虽然没能来得及广播，但是拉响了警报。只是由于该地区山峦重叠，地形复杂，警报没能让全县所有人听到。幸好群众已有防震抗震的知识，躲过一劫。他们根据25分钟之前的有感地震以及其他一些异常现象，直觉这是大地震的前兆，于是自觉采取了应急防震措施。就这样，有7000人口的龙陵县无一人遇难。

朝阳生产大队属于极震区之一，地震当天下午发现养殖鱼反应异常，村民感到十分紧张。前震发生后，村干部立刻动员大家疏散。震后30%的建筑物倒塌，70%遭到破坏，该村1940多名村民没有一人死亡。

同一天夜里10点0分，又发生了7.4级大地震。两次大地震造成周围许多地方山崩地裂，42万间房屋遭到破坏。不过为保护群众生命安全的一系列地震预报和避难警报还是发挥了不可估量的作用。

龙陵地震造成的山体崩塌（白色部分）

如今云南省的地震事业已经取得更大的发展，省地震局周围职工宿舍楼房林立，小区里还有幼儿园和小学。从事了10年地震预防事业的年轻职工，其子女也逐渐长大，不久的将来该小区需要修建一所中学。高岗上曾经的开阔地如今也变得狭小起来，山脚的平地正在扩建地震局大楼，旁边是地震局车队的车库，停放着大小70辆车。其中大型巴士5辆，吉普车30辆，还有10吨的大卡车，配备55名司机。其中十几辆车遇到灾情可以随时待命出发。住在小区里的地震局员工家属饲养了几十头猪和200只鸡鸭，还种植蔬菜。谭承业先生一边为我们讲述这些年来的变化，一边强调："6级以上地震发生前，必然会出现临震异常现象。但是我们尽量不要过早通知群众，以免引起恐慌。"谭先生坚毅的表情里，充满了自信和希望。

唐山地震

——临震预报失败的教训

1976年7月28日凌晨3点42分，河北省东部的唐山、丰南地区一带发生了强烈地震，直辖市天津和首都北京也受到严重波及。震级为7.8级，震源就在唐山市地下十几公里处，“中国地震烈度表”（参照79页）中，震中烈度Ⅺ度的极震区正好与唐山市中心街区一致。这次地震所造成的损失是新中国成立以来最巨大的一次。

早在半年多前，中国地震预报专家和有关部门的领导，就已经预料到唐山有可能发生大地震。然而临震预报最终没有来得及发布。本节中我们来思考一下中期预报带来了哪些效果？为何地震临震预报没有发出来？

华北地区的地震形势

河北省地震局位于省会城市石家庄。1977年5月20日副局长刘家森率领10多位专家，带着大量数据资料和亲手制作的幻灯片前往北京，出席中方与日本地震学会代表团共同

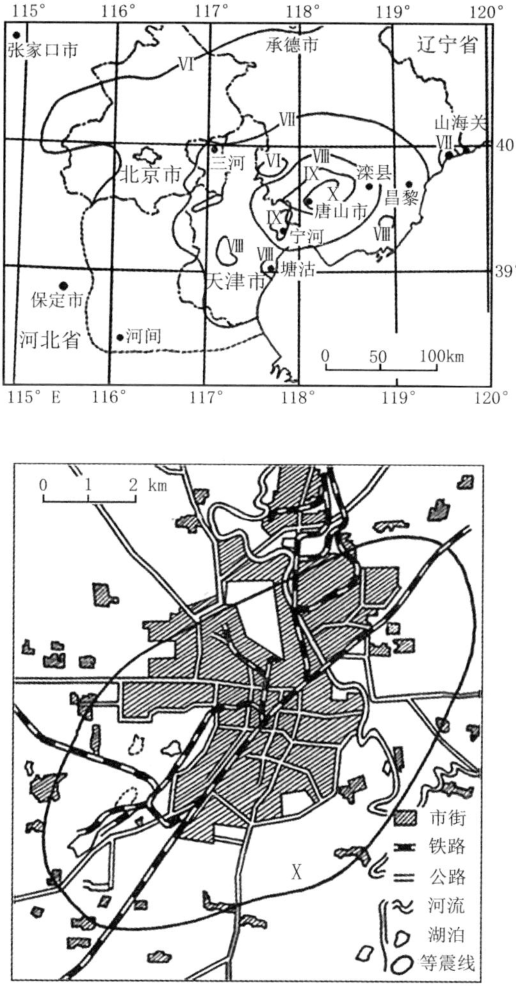

图16 唐山地震的烈度分布

举办的地震研讨会。在这些资料中，详细记录了唐山地震发生前自然现象的变化。虽然临震预报失败，但是这些资料数据对发展地震预报研究极为宝贵，一张张幻灯片记录了这场夺去无数宝贵生命的大地震留在人们心灵中的沉重阴影。

1974 年 6 月，也就是唐山地震两年前，国家地震局召开了一次关于华北及渤海地区地震趋势会商会。在此次会议上，通过对地震活动形势的分析，得出了几点重要意见。其中之一就是渤海湾北部地区属于重点监视区域，为此，1975 年 2 月 4 日的海城地震预报获得了成功。而此次会议的另一项意见是“北京、天津、渤海一带，今后几年内有可能发生 5—6 级地震”。当时有好几条预报意见，其中也有专家根据强震活动分析指出，华北地区今后有发生 7 级以上地震的危险。

国务院十分重视此次会议的结论，与辽宁省一样，中央立即加强了对河北省地震的预报预防措施。国务院下达了〔1974〕69 号文件，有关专家开始了地震临震预报的具体工作。早在 1970 年以前，华北地区、渤海一带就已经设立了几个预报监测站。如位于天津市郊张道口的水化学预报实验观测站，成立于 1968 年，有 10 多位工作人员，一直从事地下水分析研究工作，1969 年渤海湾地震的前兆现象就是从该站多个水井中捕捉到的。该观测站同时也进行了各种各样的调查。自 1971 年起，每隔两三个月就会沿北京、天津、唐山、山海关一线反复进行重力观测。根据 1974 年会商会的意见，这些工作都很快得到了进一步加强。

根据对 3000 年历史地震活动的资料分析研究，专家了解到在大地震发生地一定会出现显著特征。大家认为在大规模的构造线，即地壳块体边界的大活动断层、地质构造区边界线交会处容易发生强烈地震。在华北和东北地区，东西走向的阴山山脉和秦岭—大别山形成的古老构造线上，与几条北东至南西向大规模的活动新断裂带相互交织，其中在郯城—庐江断裂带与阴山构造带交会处，于 1975 年 2 月发生了海城大地震。地震地质学家指出，在被称为华北地块的巨大地壳块体中，另有一个位于其西侧，即横亘于唐山、滦县、迁安所在的开平盆地的活断层，在这里有可能发生强烈地震。当然7级以上地震也有可能发生在其他活断层的交会部位。此外还有一条位于西侧的活断层贯穿了首都北京。

据历史地震资料记载，1668年的山东郯城—莒县8.5级地震之后，华北地块的地震活动有逐渐西移的倾向。海城地震后，如果出现相同倾向的话，可以推断下一步应该监视什么地方。然而自然现象并没有我们想象的那么简单，于是地震学家们的调查活动不得不在更广袤的区域内展开。

1975年2月4日海城地震发生之后，如果沿阴山山脉的华北地块北侧的地震活动依照以往的规律反复发生的话，那么下一次地震就将在宁河唐山断层的区域内发生。1668年地震之后，间隔11年零1个月地震活动发生了西向迁移。但是

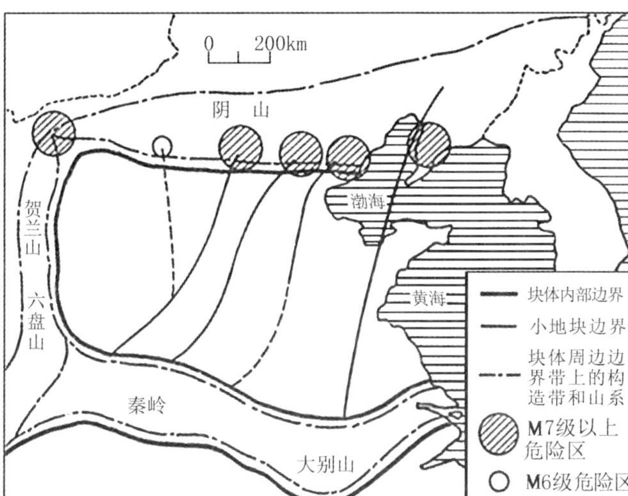

图17 华北地块与大地震危险区

海城地震之后，北部地区的异常现象开始逐渐恢复，然而北京、天津一带却未见恢复的迹象，相反显示为逆向发展。因此专家认为大地震活动的西向迁移，也许要比过去的例子提前发生。

中期预报

八宝山断裂带呈北西—南东走向，横穿北京市。在负责监测其动向的大灰厂地形变观测站的记录中显示，自 1975 年中期该断层开始出现异常变动。该活断层东侧的上盘相对于西侧的下盘，发生着相对上升运动。到 10 月，垂直错位约达 1.2 毫米。在另一个横跨八宝山断层的牛口峪观测站进行的观测记录中，也显示出同样的变化倾向。这种变化模式与海城地震发生前一年的金县短水准观测记录情况十分相似。

唐山以西 100 公里的香河，也在进行跨河西露断层的短水准测量。自 1975 年 5 月，这里也跟八宝山断层一样，出现相对的垂直变动。截至8月底，这一变化量已经达到2毫米左右。在邢台地震区长期持续观测的红山短水准观测数据中也发现了异常的垂直变动现象。这一现象始于 1975 年 7 月，到年底达到 2 毫米。跨沧东断层进行了同样测量，也显示出了相同的结果。

滦县地下水氡浓度自 1975 年 7 月急剧上升，到年底上升了 10% 以上。地磁场绝对值的变化巨大，截至 1975 年年底，几个观测点都上升了 10 伽马。观察宝坻地电阻率变化发现，1974 年 4 月开始下降，8 月起有所回升，之后 1975 年 2 月便发生了海城大地震。此后自 1975 年 3 月再次下降，到 1975 年年底下降了 2.8%。

在监测这些异常现象的同时，1975年年底，国家地震局向国务院有关部门下达通知："天津、北京、唐山地区在未来两年内有可能发生强烈地震。要求大型工厂采取抗震加固工程措施，增强建筑物与设备的抗震强度。"虽然临震预报没有成功，但这一指示在很大程度上减轻了大型工厂等单位的地震受害情况。如第一机械工业部根据国家地震局通知，年底将下属重要工厂的主要负责人召集到北京，召开了抗震防震工作会议。位于天津市北郊工厂区的天津发电设备厂也隶属于第一机械工业部。工厂花费半年时间，对约7万平方米的工厂厂房进行了抗震加固，为预防今后突发的大地震起到了积极作用。其他部委也同样对各地国家直属机关进行了防震加固指示。另外通过行政渠道，国家地震局向各地的革委会也传达了相同的指示。

在此阶段有关部门没有把可能发生大地震的消息直接传达给群众，而是向群众普及地震知识，宣传一些"人类一定能战胜自然灾害"、"地震并不可怕"的思想。工厂的工人与领导干部一起组织召开三结合会议，开办学习班、举办展览和放映电影，开展抗震救灾活动。通过这些活动，工人们更加注意节约资源，在不影响生产进度的同时，开动脑筋努力推进抗震加固工作。

在城市人口密度大的街区，中期预报也起到了很好的效果。天津市塘沽区就是位于这种工厂区内的人口密集居住区。根据中期预报，在这里也设置了地震办公室，成立了抗震指挥部，在统一领导下，开展抗震防灾活动。指挥部下设医疗急救队以及负责水电供给、通信障碍及危险物体的排除、交通、运输、消防、商业等小组。在该区革委会的领导下，设定了约 1000 处避难场所，为保证居民人身安全做好准备。区干部派遣代表团前往辽宁南部地区访问，学习那里的经验。塘沽区生活着 32 万居民，其中包括 10 个街道和 5 个人民公社。向群众普及地震知识也与其他厂矿等一样进行得十分顺利，震前有 70% 的居民直接接受了防灾培训。

海城地震之后，河北省地震局对地震异常现象仍未恢复或者继续发展的地区的资料数据作了进一步分析研究。出现异常现象的地区分布广泛，而且并非有规律的分布。地震局挑选出其中 10 个地区的资料进行统计学分析，发现异常的振幅已经可以与海城地震前的异常相当，这些地区大体集中在河北省北部。

1976 年 1 月，河北地震局召开了地震形势会商会，会议提出“要特别注意加强对河北省东北部、辽宁省西部、京津地区、唐山—朝阳地区的地震观测”。可是上述地区范围太大，要使短临预报取得成效，就必须进一步缩小目标区域。但此时还没有采集到能作出这种判断的有力数据。

短期预报

1976年4月前后，在众多显示中期阶段异常现象的观测点，观测数值开始出现急剧变化。其中有突然加速变化，也有突然逆向变化的观测数据。大灰厂地形变观测台进行的跨八宝山断层测量数据显示，此时的垂直运动速度大约是中期阶段的 3 倍。天津棉纺厂水井中地下水氡浓度自 1975 年 9 月以来一直在增加，但是 1976 年 4 月起突然下降。在滦县进行的水氡浓度检测也显示自 3、4 月开始下降。北京的地磁场测定值

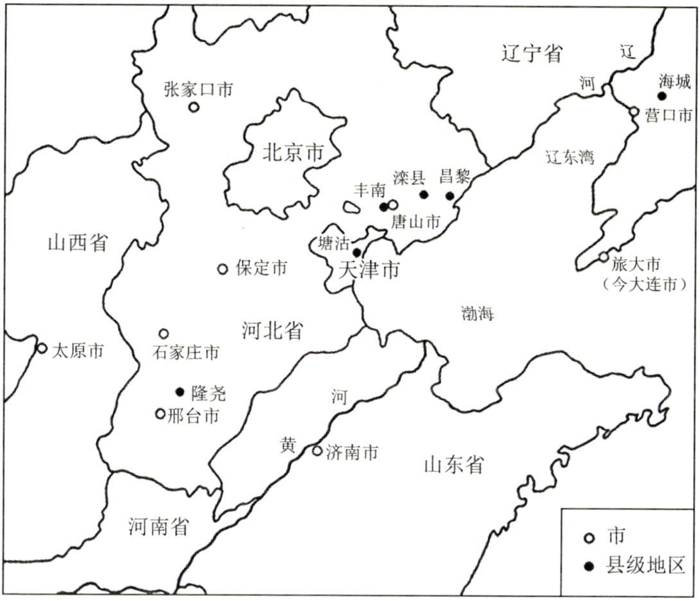

图 18　北京、天津、唐山及其周边

自 4 月开始增加，到 5、6 月达到最高值的 7 伽马。昌黎的大地电阻率自 4 月底至地震发生前持续下降。这些急剧变化的各个项目，在其他地方也以同样的时间点开始变化。

另一方面，自 1975 年起，地震活动在 14 个月内均处于异常平静期。1966 年以来一直持续对小地震进行观测，但在 14 个月的长时间里未发生过一次 4 级以上地震的情况是绝无仅有的。就在 4 月 6 日那天，位于北京以西 300 公里的和林格尔发生了 6.3 级地震，同月 22 日在天津西南 70 公里的大城又发生了 4.4 级地震。从 6 月开始，渤海湾南部的大原附近开始发生小震震群。进入 1976 年，山东半岛北侧的庙岛群岛附近观测到几百次小震活动。所有这些地震都围绕着天津、唐山的地震空区发生。这些事实告诉人们，华北地块已经进

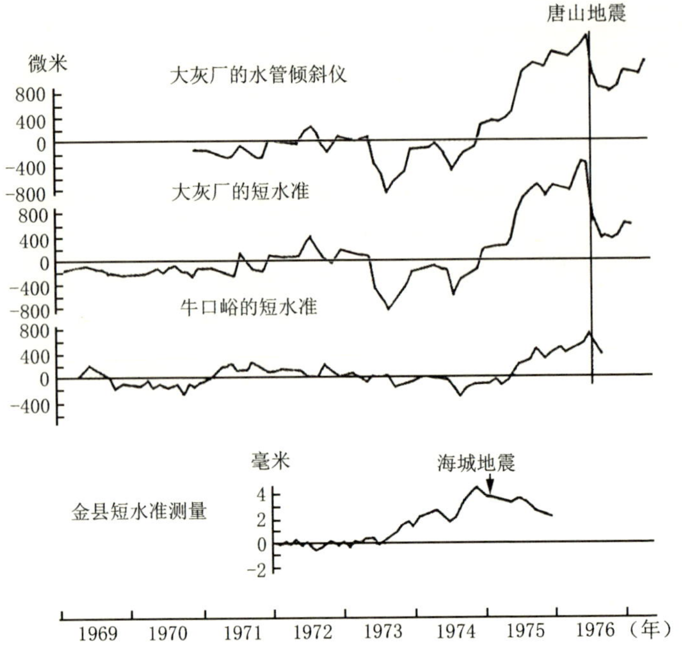

图 19　大灰厂等地活断层的垂直变动

入了地震活动期。

6 月，国家地震局召开了全国地震趋势会商会。河北省地震局在会上阐述了如下意见："北京、天津、唐山、渤海、张家口一带有可能发生6级以上强烈地震，必须在唐山—朝阳、北京—天津之间加强观测警备工作。"这次会议之后，河北省地震局于 6 月 22 日向唐山地区派遣了地震地质调查队。该调查队经过 30 多天大规模调查之后，在地震发生前 2 天的 7 月 26 日结束了野外调查工作。

在全国会商会上，有专家发表意见："海城地震之后，大地震活动向西移动。近期华北地区可能发生 7 级以上地震的地方有 3 处，可能发生 6 级以上地震的地方有 2 处。"掌握地震活动的迁移现象，有利于决定将监测重点首先放在何地。然而历史资料上推测的唐山地区的地震规模，最大也不过6级。调查队的目的就是缩小预测地震发生的区域，推断地震震级。

震灾预防

位于天津市北郊工厂区的天津发电设备厂，工人们放弃周日、假日甚至五一国际劳动节，加班加点地进行抗震加固施工作业。大家以“抗震防震加固组”为中心，群策群力，想方设法筹集加固用建材，以便顺利完成工作。本来要做到万无一失需要100吨钢材，但是为了不给国家增加负担，大家发扬自力更生、变废为宝的精神，弥补了建材上的不足。

塘沽区抗震指挥部对全区的建筑物进行了彻底检查。拆掉一些危险建筑，加固了一些老旧建筑物。对生产爆炸物及危险品的工厂都采取了相应的处理措施，在各工厂修建了一批“安全岛”。所谓安全岛，就是地震应急避难场所或安全地带，既有能容纳很多人的地方，也有只容一人或几人的钢筋支架简易棚，种类五花八门。

塘沽区向阳街是大街道之一，有5800户人家，约3万人口。在这里组织了7个居委会、分成105个大院。在革委会的领导下，组织群众学习地震知识，统一开展抗震防灾运动；多次举办演习训练，让各居民区支部都能在关键时刻独当一面；群众自发的防灾组织取得很大进展。全街道设立了207个消防队。该街道几乎所有的劳动力都是在工厂上班的工人，为了不影响工厂的生产，居民区的抗震防灾任务主要靠妇女和退休老人来完成。

向阳街道对群众开展的宣传教育做得十分细致到位。他们要求工人要对自己的车间有足够的了解，明确岗位职责；教育工人地震发生时的一些注意事项，比如不要造成火灾或有毒气体泄漏事故；同时健全了各种设备的维修体制；医疗卫生的准备工作也已经完成；吸取海城地震后灾区发生疾病的教训，提前储备锅碗瓢盆等生活日用品、粮食、水、燃料、药品、外科用的器材等；全面检查发电站、信号所、仓库、医院、酒店等场所。

可是在大震来临之前不可能在全区内完全做好这些准备工作。天津发电设备厂和向阳街道在上述方面做得最好。准备越充分的地区，地震时的受害则越轻。实践证明，即使没有向群众发出临震预报，这些立足于中期预报的地震防御措施也发挥了显著的功效。

大地震临震前

到了 7 月中旬，各种观测数据开始发生急剧变化。7 月 14 日，廊坊的观测点地下水氡浓度由原来的 4.3 埃曼，突然跳到近 6 埃曼。不久下降之后，仍继续保持在高值水平。该数值是根据连续测氡装置记录的，7 月 10 日前后微量升高。14 日上午 11 点，发生了一次突变。仔细分析 1976 年 4 月以后连续测量水氡的记录，可以看出 7 月的明显异常变化。

7 月 20 日之后，临震前异常变化更加明显。昌黎台的地电阻率由原来的 224 欧姆 · 米逐渐下降，27 日下降到 26 欧姆 · 米。廊坊台水氡观测值一直在增加，24 日后突然下降，而后又开始恢复。同一时间，使用简易仪器测量地应力变化

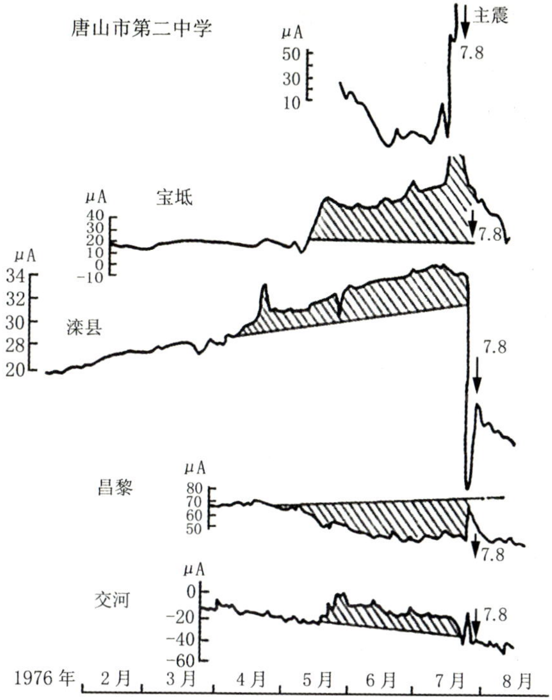

图 20　简易地应力仪的记录

的群测点，获得了地应变剧烈变化的数据资料。此外唐山第二中学、宝坻、滦县、昌黎、交河等观测点的数据显示地应变尤其剧烈，这一切充分表明大地震已经迫在眉睫。

由群众直接观测汇报的宏观异常现象日益增多，且特征十分显著。丰润县杨官林人民公社有一口 50 米深的水泵井，7 月 10 日之后，该井底突然喷出气体，25 日、26 日喷气越来越多，最后气体中混着沙子同时喷涌而出。喷气发出的响声即使站在 20 米之外都能听得到。一口位于任丘县鄚州的废油田，7 月 17 日下午突然喷出石油，喷高达 2 米，喷出量约有 1 吨。

7月23日以后，地下水和动物的宏观异常观测报告不断传来。据震后统计，共收集到地下水异常的报告6月为7例，7月1日到22日增加到59例，7月23日到28日地震前竟然上升到665例。

7月26日，河北省地震局下的地震地质调查队结束了对唐山、天津地区的调查，并整理出调查资料。地震预报专家对临震前相关数据的剧烈变化进行了仔细分析，在显示前兆现象的观测数据中发现了一个大问题。那就是异常现象出现的地点非常分散，而且分布没有什么规律，非常复杂。例如，在出现了剧烈前兆现象的观测台站附近，其他观测点没有发现任何异常，而一个孤零零地矗立在200公里以外的台站却发现大幅度的异常。27日大地震来临前，以天津为中心的震源地区一带突降大雨，给群众观测带来很大不便，因而未能取得地下水或动物异常的分布状况等重要数据。

专业人员的分析和讨论仍然在继续。他们的意见当中，有人认为可能发生强烈地震，也有人根据历史资料、活断层性质判断可能会发生6级以下地震，诸此种种，但是在确定地震发生的具体位置方面存在着很大困难。国家地震局的年轻领导中，还有人强硬坚持自己的主张，认为不会发生大地震。

事实上只要专家没有明确提出临震预报，那么行政机关也就无法向群众发布避难警报。如果没有警报，就只能期待大多数群众依靠他们平时学到的防震抗震知识，通过自行判断来自我保护生命安全了。唐山大地震临震前几分钟，丰南县宣庄人民公社一口深100多米的水井，伴随着巨大的响声，井水突然喷出地面。被这巨响惊醒的公社社员，意识到大地震要来了，马上把身边睡的人叫醒迅速避难。

唐山大地震

27 日夜晚 11 点 44 分，由北京站按时发车的 129 次特快列车经过天津、唐山前往大连，列车上满载着 1400 多名乘客。28 日凌晨 3 点 41 分，列车通过唐山附近的古冶车站时，年轻的司机张耀武和刘振邦突然发现前方夜空出现三道闪电般的光，信号灯突然由绿变红，紧接着就熄灭了。他们凭直觉判断这是地震的前兆，于是紧急刹车，缓慢减速。3 点 42 分，7.8 级大地震发生了。列车在强烈摇晃中，停在了铁桥前。这样 129 次列车避免了一次脱轨翻车事故，挽救了 1400 多名乘客的宝贵生命。

唐山市是一座具有百年历史的煤炭工业城市，当时人口约 100 万人。唐山市科学技术委员会王俊起主任回忆震后翌日的情况时这样描述："地震的那天早晨，天亮后的唐山市街道只剩下晴空和瓦砾。"

王俊起先生是唐山市地震办公室的职工，他向我们介绍

唐山火车站周围（1978 年 4 月）

说，地震前，群测点传来发现异常情况的报告。群众根据自身经验，认为震级不会太大。地震过后，他们对自己的临震预测为何失败进行了探讨，这既是自我反省也是对专家的批评。

王俊起主任解释道，唐山地区群测点本来就欠缺地震方面的经验，即便作出一些判断也往往缺乏科学依据。与海城地震相比，动物出现异常反应的时间要晚很多，而且根本没有出现前震活动。此外，前兆异常现象是十分复杂的问题，震后第二天，人们发现许多鸽子被压死了，它们丝毫没有逃离地震的迹象。而且由于“四人帮”的破坏，科技界遭受重大影响，专家们的工作无法开展。在唐山市召开的地震工作

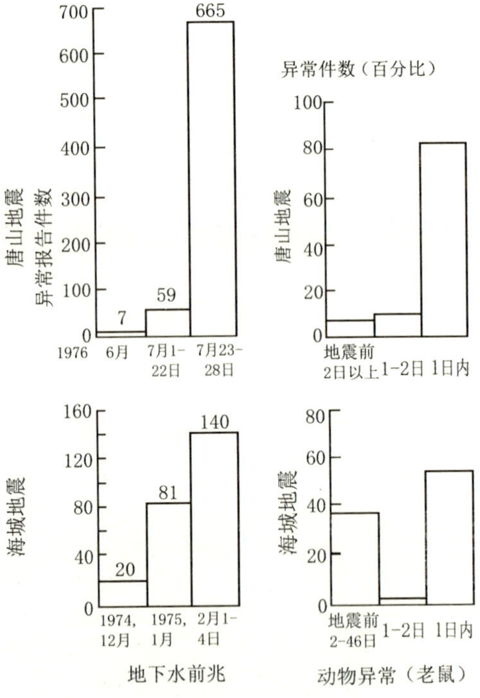

图 21 临震异常现象的比较

唐山市的矿渣山与运送重建物资的车队

会议上，许多资料数据也没有得到认真分析研究，这些都是导致预报失败的主要原因。

宝贵的经验

河北省地震局副局长刘家森先生告诉我们，作为一名地震预报专家，他们从预报失败中吸取了很多教训。临震预报的失败对地震工作者来说是极为沉痛的教训，失败的原因有很多，诸如“四人帮”对科技的阻挠，地震预报技术的不确定性，没能掌握地震发生的自然规律，等等。唐山地震预报虽然失败了，但是地震给我们留下了丰富的数据资料。今后我们一定会坚定信心，做好临震预报工作。刘家森先生结束开场白之后，许多中国专家给我们日本代表团成员介绍了大量重要的数据资料。

在“不到地震临震前，不能通知群众”、“不要影响生产”的方针下，地震专业人员在思考大地震预报问题时，总是希望获得“还有几小时不会发生地震”的确凿证据，然而在现阶段，尚未找到一种依据可以保证“不会发生地震”。海城地震前，专家们以寒冬腊月避难作为必要条件，对震前3天的异常现象作了深入仔细的分析。多亏临震前兆现象跟教科书上讲的差不多，结果预报取得了成功。龙陵地震前，在预测还剩几天的过程中，发生了几次有感前震之后，靠直觉发出了临震预警，好歹总算成功了，而且幸好地震发生在人口稀少的农村。而唐山地震前，临震异常现象仅出现半天后大地震就发生了，并且还是巨大地震，既没有充分的分析时间，也没有发出预报的临震前兆现象。尽管没有发布临震预报，但震后留下了许多前兆数据资料。那么地震发生前，到底应该在什么阶段发布临震预报呢？应该在何时发出地震警报？而且上述工作又该如何与周边的社会环境结合起来呢？地震预报的难题主

空运至唐山的救援物资

北京地震遥测中心的记录室

要就集中在这一阶段。这对中国社会来讲也同样适用。

一般来说，“马上要发生地震”这一临震前的判断下得越早预防效果越好。因此必须使用地震遥测台网随时传输观测数据进行集中监视，快速分析数据，顺利传达预报、警报信息。中国当前的技术水平还达不到这一要求。中国技术水平不低，但是数量不够多。要想成功预报地震，就必须让这些高端技术均衡地应用在各个地区。1978 年以后，为了提高地震监测技术水平，发扬为人民服务的精神，地震专家们都意气风发，踌躇满志。

松潘、平武地震

——以预防为主

连续发生的大地震

1976 年 8 月 16 日 22 点 06 分，四川省松潘、平武地区发生了 7.2 级大地震。这次地震紧随在 7 月底刚刚发生的唐山大地震之后。国家地震局的专家们不得不在唐山和四川两头进行观测和研究，忙得不可开交。虽然唐山地震没有来得及发布临震预警，但是 8 月的这次松潘、平武地震发生前，有关部门提早发出了预报，通知群众避难，大大减少了地震造成的损失，同时还留下了许多高质量的前兆数据资料。特别值得一提的是，他们还将临震前动物和地下水的异常现象制作成了纪录片。

松潘、平武地区发生的地震跟其他地区有所不同，8 月 22 日和 23 日，在同一地区又分别发生了 6.7 级和 7.2 级地震。他们是如何做到这些地震预报的呢？尽管我没有前往四川访问的机会，但是我已经从四川省地震局的罗灼礼先生和他的同事那里听到了有关地震监测、预报经验的详细介绍。

平武县小学遭到泥石流破坏

地震预报机构的建立

1970年2月24日，在四川省大邑地区发生了6.2级地震。经历过这次灾难之后，政府决定成立地震预报和预防机构。最初在灌县、郫县、汶川、马尔康等地设立了地震台，同时也设立了群测点，积极开展地震工作，这方面的经验与他省大同小异。为进行地震预报，首次正式启动了地震观测、地形变、水氡、地磁、地电、地应力等综合性的观测项目。

长期预报跟海城地震等一样，是通过对地震活动的特征分析研究结果来发布的。川滇地震是由南北地震带相互影响、相互作用而引发的。特别是南北地震带的南段和北段，也就是说四川省和云南省的大地震活动从历史上看是交错发生的。1970年1月云南省通海发生了7.7级①地震、1973年2月四川省炉霍发生了7.9级②地震，之后1974年5月云南省永善

① 修订震级为7.8级——译者注。
② 修订震级为7.6级——译者注。

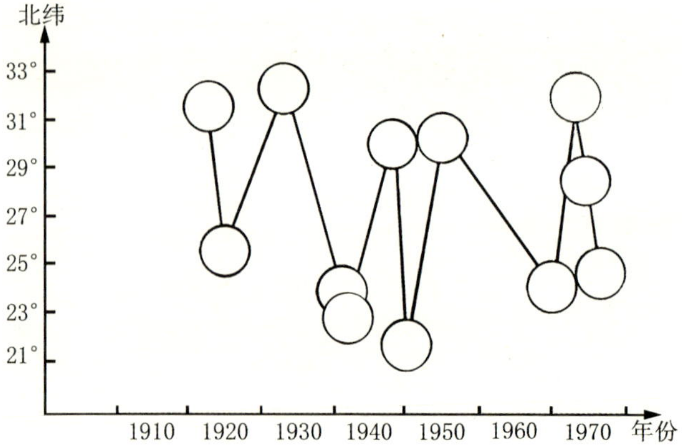

图 22　大地震活动（四川、云南，震级 7 级以上）的南北迁移

发生了 7.1 级地震，接着 1976 年 5 月龙陵发生了 7.3 级和 7.4 级地震，那么接下来可能又到北部的四川省开始活动了。根据历史资料判断，这一交错的地震活动以北纬 29° 为界。

仔细研究历史地震资料可以发现，四川省的大地震一般都发生在云南龙陵、腾冲地区显著地震活动大约半个月之后。例如，1933 年 8 月 17 日云南腾冲发生了 6.5 级地震，大约一周后的 8 月 25 日四川茂汶就发生了 7.5 级大地震；1955 年四川康定大地震（7.5 级）也是发生在云南腾冲地震（6.0 级）约一个月之后；1976 年 5 月 29 日云南龙陵地震之后，专家预测不久之后四川有可能发生大地震。当然这种判断并不只是单纯根据地震活动的历史资料寻求的规律，而是预报之前已经做了大量调查，从中获得了可能发生地震的资料。

首先大体来看一下地震活动的调查结果。大地震发生前，震源区的地震活动处于相对平静期，多形成地震空区。不久周边区域开始出现地震活动，地震空区逐渐缩小。松潘、平武地震前也出现同样的现象。从 1973 年起，松潘、平武一带就不断发生微震或小震（震级约 3.0 以下），但一直没有发生过 3 级以上地震。1971 年和 1972 年发生了五次 3 级以上地震，而到了 1973 年一次都没再发生过。

另一方面，环绕在松潘、平武周边的地区发生了几次中等规模以上的地震。比如 1973 年 5 月 8 日发生了 5.2 级、同年 8 月 11 日发生了 6.2 级、1974 年 1 月 16 日发生了 5.8 级、同年 11 月 11 日发生了 5.2 级地震。1975 年以后，这些地震活动开始集中到龙门山断层，逐渐向松潘、平武地区靠拢，这意味着地震空区开始缩小，此后地震活动开始明显沿龙门山断层分布。

1972 年 2 月起，松潘、平武地区的地震波速度开始出现异常。V_P / V_S 值（地震波的 P 波和 S 波的波速比）逐渐变小，1976 年 6 月又恢复到了 1.76。接连 54 个月，出现了连续异常下降，根据独自的经验公式计算，预测出地震的强度约为 6.8 级。

此外观测地下水氡含量变化的观测点有 24 处，其中几处从很早开始就发现了氡含量的异常变化。某个观测点从地震发生的 16 个月前，即 1975 年 4 月开始就发现了异常。这种异常现象竟然持续了 1 年多，如果说这是地震前兆现象的话，那么将要到来的地震震级一定很大。

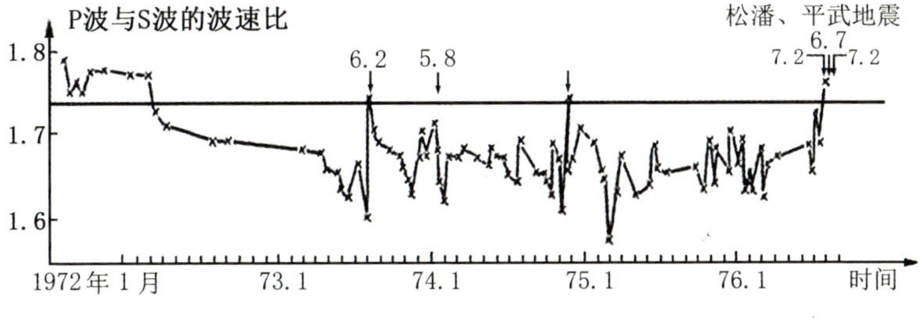

图 23 松潘、平武地震前地震波波速比的变化

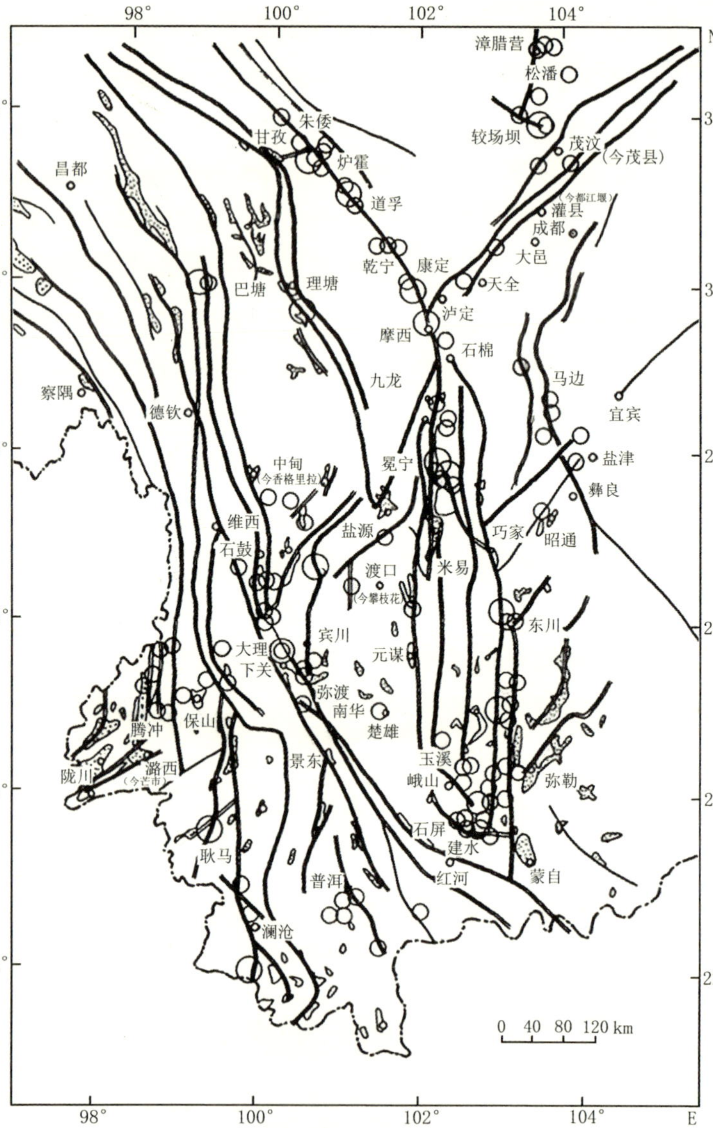

图 24 四川、云南的大地震(公元前 116 年至今)与活断层

中期预报

四川省地震局自1970年开始地震监测工作，1975年11月召集全省地震专家召开了地震趋势会商会。会议讨论的结果认为“1976年上半年，有可能在松潘、茂汶地区发生6级甚至6级以上地震”。之后，四川省代表在出席1976年1月召开的全国地震大会上提交了这一预报意见，得到会议的认可。这样四川省松潘、茂汶地区被指定为“全国重点危险区”之一，并在南坪、平武增设了地震台。

为了加强省内的地震预测、预报工作，进行合理分工，1976年4月15日四川省召开了地震工作会议。接着绵阳、温江等地也相继召开地震工作会议，同时地震工作者向群众普及地震预报预防知识，加强专群合作体制。省地震局调派专业人员前往松潘、茂汶、平武、南坪等地区指导工作，国家地震局也向四川省派遣了专家。

5月29日的龙陵地震是在经历了以上准备阶段之后发生的。如前所述，专家依据以往的历史地震资料，判断不久之后松潘、茂汶地区发生强震的可能性极大。四川省负责预报工作的人员都在紧张有序地研究分析着相关数据。

短期预报

V_p / V_S 波速比等异常现象有的已经恢复，许多具体数据显示大地震就在眼前。6月14日，四川省地震局向行政负责人提交了一份预报意见，“预计一两个月之内，自龙门山断裂中段至康定地区有可能发生6级地震”。6月22日国家地

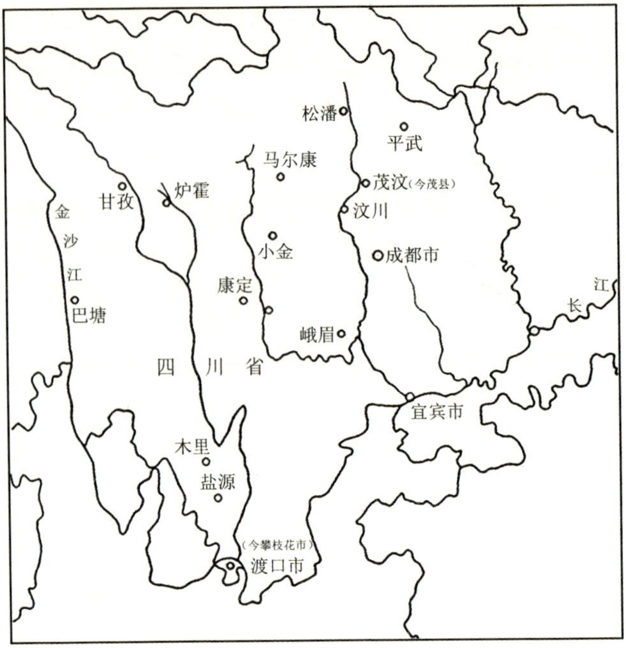

图 25 四川省地名

震局和四川省地震局在省会成都召开了南北地震带紧急会议，13 个省的地震专家出席了本次会议。会议讨论结果认为“8 月底之前龙门山断裂中南段可能发生 6 级以上地震”。也有一部分专家根据相关资料指出“有可能发生 7 级以上地震”。四川省革委会根据南北地震带紧急会议的讨论内容和结果，下达了第 28 号文件，向有关部门发布了可能发生 7 级以上强烈地震的震情通报，同时要求相关地区做好预报、预防工作，实施防震抗震措施。不久，群测点如雨后春笋迅速发展起来，为专业人员的研究提供了极为有力的前兆资料。

为了准确发布短临预报，就必须准确捕捉各阶段的前兆现象。为此四川省地震局动员了众多专业人员，在黑水、汶川、江油、安县等 11 个地方增设了临时观测点。国家地震局物理勘探所、测量队、中科院地球物理研究所、生物物理研究所等调派专家前往四川各地，另外还有来自河北地震局，福建、广东、陕西、武汉、南京等地的专家也被抽调到当地。同一时间，河北省刚好发布了唐山、天津地区地震中期预报。地球物理研究所的地震学者朱传镇先生 1978 年 7 月访问日本时，曾兴奋地给我们介绍过当时紧张而忙碌的情况。

7 月底到 8 月初开始出现许多异常现象，例如此前出现的各种异常突然又恢复到原先的状态，或者突然加速并转换，等等，特别是地下水异常与土地电的急剧变化尤为明显。部分观测点在 6 月 20 日和 7 月 20 日前后都出现过这种剧烈变化，8 月初的剧变在数量上尤为突出。此前的统计资料显示，从季节上看该地区 6 级以上地震多发生在 8 月，因此四川省地震局认为大地震即将来临。7 月 28 日凌晨发生的唐山大地震，就是因为没能及时发出临震预报，才导致了受灾相当严重。

8 月 2 日和 8 月 7 日，四川省地震局向有关行政部门两次发出震情通报："8 月 13 日至 17 日间、8 月 22 日前后，茂汶、北川一带或者康定附近可能发生 6—7 级地震。"该通报很快发到防震抗震指挥部，又通过各预防机构统一传达到各个部门。

临震警报

地下水、地光、地下气体、动物等许多异常现象的观测报告接踵传来。比如有人看到地气自燃变成火球飞上天空，有人听到从岩洞中传来与地震波不一样的声音。这些异常现象多发生在茂汶、北川、安县、绵竹等地。8 月 10 日，康定附近的姑咱观测点观测到地下水氡值大幅度突跳。该地下水是从花岗岩缝隙流出的构造性地下水，1973 年 2 月炉霍地震（7.6 级）前数日以及同年 6 月的马边地震（5.5 级）前数日，也都记录了水氡测量值同样出现过大幅度突跳性变化。群测点有关动物异常和地下水异常的报告 8 月 5 日以后急增，8 月 7 日达到 150 多例。

8 月 12 日早晨，四川省地震局和省防震抗震指挥部电话通告有关地区进入临震警戒状态，做好临震准备，还特别强调了要对绵阳管辖下的平武以及松潘管辖下的阿场地区提高戒备。

8 月 16 日夜间，发生了 7.2 级地震。震前许多人民公社已经完成了群众避难。震后南坪、松潘、平武、茂汶、北川等地受灾严重，90% 以上的房屋倒塌，崩塌的山石阻塞了河道形成“堰塞湖”。该堰塞湖之下有一个生产队，村民在震前两天就已外出避难，因此无一人罹难。当避难命令下达时，平武小学正在放电影，大伙随即转移到安全地方。地震发生

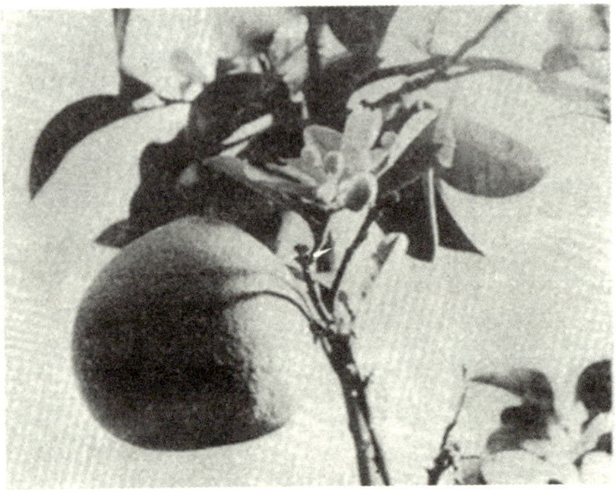

地震前的植物异常

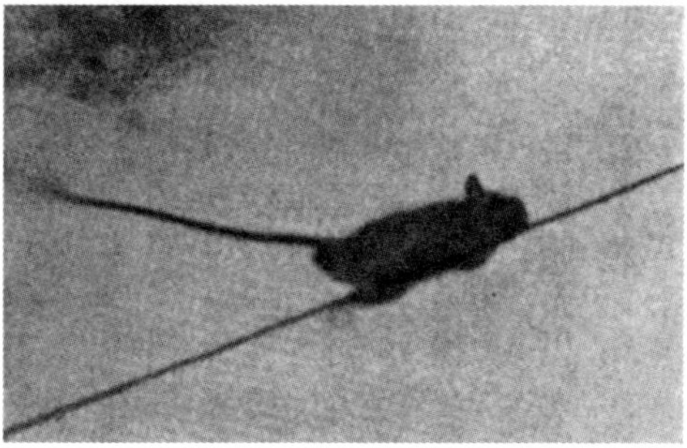

动物临震前的异常反应（老鼠趴在电线上纹丝不动）

造成山崩，虽然放映机和校舍都遭到严重破坏，但没出现人员伤亡，因此群众对震前的预报工作深表感谢。

根据地震台网的记录，这次大震前的8月1日至16日之间，震中地区未发生过一次前震。该观测台网仅拥有1.8级以上地震的监测能力，因此大震前微小地震级的前震几乎都没有被监测到。唐山大地震前，虽然也没有发生前震，但是记录了许多前兆异常现象。松潘、平武大地震虽然没能指望上前震，但是大家做了充分的避难准备工作。

另一个警报

这次大地震之后，四川省地震局的专家们继续对自然现象密切观测，因此对8月22日、23日再次发生的大地震，也成功地作出了准确的预报。

遵照华国锋主席必须在强烈地震发生24小时前作出预报的指示，专家们对此前收到的各种前兆现象进行了深入研究。有人以许多大地震没有前震为由，否认地震预报的可能性。四川省的专家们用他们的实际成果，证明了可以成功提前预报的事实。省地震局罗灼礼副局长在他的总结报告中说道：

“这次成功，意味着地震是能够预报的。自然现象是十分复杂的，从事地震预报工作的我们更需加倍努力。”

这次临震预报提前 4 天就发出了，它成功保护了群众的生命安全，意义非同凡响。在今后中国的地震事业发展过程中，“以预防为主”的方针将会作为基本目标逐步确定下来。

因山体崩塌河道受阻形成的“堰塞湖”

盐源、宁蒗地震

——群测群防

频繁的地震活动

在纵贯四川、云南两省的南北地震带上，1976年是大地震频发的一年。5月的龙陵地震与8月的松潘、平武地震之后，11月7日凌晨2点04分，位于两省交界地带的四川省盐源县和云南省宁蒗县的边界处发生了6.7级地震。最大烈度为Ⅸ度（参照79页的“中国地震烈度表”）。12月13日又发生了6.4级地震，最大烈度为Ⅷ度。尽管震中区受灾严重，但由于两次地震前都发出了临震预报，因而保护了群众的生命财产安全，大大减少了人员伤亡。

四川省的面积为56万平方公里，人口有6796万，是中国人口最多的省份。下辖3个自治州、12个地区、9个市、181个县和3个自治县，省革委会设在省府成都市。四川省简称“川”，松潘、平武位于川西高原。西边省界金沙江发源于青海省西部的可可西里山脉，属于长江上游，全长5800公里，从上海入海口流入东海。本次地震就发生在金沙江一带。

云南省地震局

地震前，有关部门曾经发出过“11月7日前后3天，宁蒗、木里、盐源一带有可能发生6至6.5级地震”的预报。这次临震预报也非常成功，预报经过如下：

在中国，某省发生大地震前，该省地震局必须分阶段、高准确度地发布预报。即便在地震发生之后，地震局的地震监测工作也不能有丝毫松懈。这样做有两个目的，其一是为了准确捕捉余震活动。因为大震过后，遭到破坏的建筑物会因震级比较小的余震造成更为严重的破坏。其二是因为该地震有可能诱发同一地震带上其他地区发生地震，因此必须继续监测，以便及时预报。基于这样的思考方法，5月29日的龙陵地震与8月16日的松潘、平武地震之后，云南、四川两省的地震局继续对地震活动严密监视。

在地方行政中，将地震预测、预报等“防灾”工作与地震发生后的“救灾”工作分开进行，各省做法基本都一样。这本身具有十分重要的意义。可以说宁蒗、盐源地震能够成功预报与“防灾”、“救灾”工作分头进行有着密切关系。

小地震的发生

木里、盐源、宁蒗一带，自1976年初陆续频发中小地震。该地区地震观测网的监测能力为4级以上地震，1970年以来，从能观测到的4级以上地震活动状况来看，1972年1次、1973年1次、1974年没有、1975年4次、1976年截至11月4日有3次，呈现出上升趋势。根据以往经验，其他大震前也会出现相同趋势。

10月29日发生的4.3级地震是前震震群中最大的一次。根据以往经验判断，主震震级一般要比最大前震的震级大2.5级。不过这些小地震震群到底是不是前震活动，还是纯粹的群发地震活动，要作出准确判断似乎比较困难。

预报观测的诀窍

地下水的变化是非常明显的。现在介绍一下弥渡县苴力人民公社的一口水井的观测数据。该公社以南15公里处的粮食管理站有一口饮用水井，深6米，平均水深2米，位于程海断层和红河断层交会处，井底沙层厚约20—30厘米，沙层上下是黏土层，可以认为该井水属于受压水。根据以往经验，如果这口水井的水位下降50厘米，那么就表示要发生强烈地震。因为该水井水位的年变化最大不超过10厘米，因此下降50厘米这么大的变化，还是比较容易观测的，即使距离震中比较远，也能观测出前兆异常现象。

1970年的通海地震、1973年的炉霍地震、1976年5月龙陵地震时，井水水位下降直到干涸，几天后便发生了大地

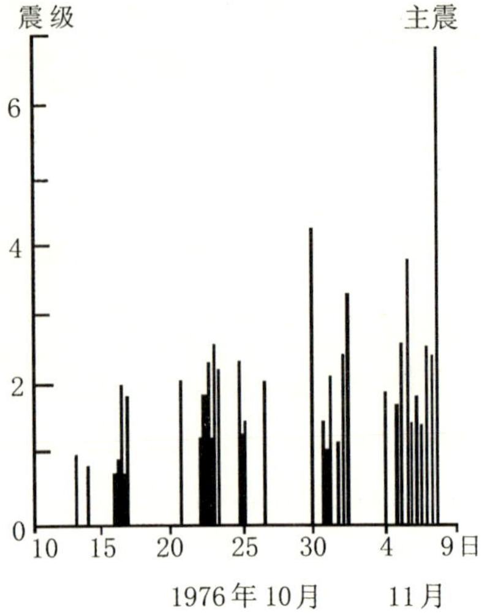

图26 盐源、宁蒗地震的前震活动

震。这口井或许是预测地震的“关键穴位”。1975年9月之后，每天早上8点钟，工作人员就开始对它的水位进行持续观测，获得了翔实的观测数据。这些数据后来被云南省地震局的工作人员带回省局，对其进行了详细的分析研究。

将几次地震与相应的井水水位变化进行对照分类，可大致分为以下两种情况：（一）水位下降到最低点之后发生地震。（二）水位下降到最低点，再恢复之后发生地震。第一种情况下几乎没有任何前震活动；第二种情况时前震活动很明显。这种分类是依据曾经发生过的8次地震总结得出的。

10月29日21点发生了4.3级地震，10月30日早上8点观测时显示，平时2米的水深下降到35厘米，这应该与前一天的地震是相对应的。10月31日8点再次观测时，水位已经恢复到60厘米，这足以说明是在水位下降到最低点时，发生了4.3级地震。

11月3日8点，水位已经恢复到110厘米。根据水位恢复的全过程，可以推断出下次强烈地震的发生时期应该在 11 月 7 日前后，与此同时还有地震群发生，如果推测这些地震群属于前震震群的话，那么大地震应该就在这些震群所在区域发生。当然这种推测方法不够准确，但还是大体能够推断出大地震的发生区域。

楚雄地震台设立了短水准测量点。该测量点设在楚雄县西 4 公里外一座小山的山坳，是一条跨越一个小断层的 25 米长的测线。该测量点自 1975 年 4 月布设以来，每天上午 10 点测量 2 次。根据以往经验，该水准点的垂直变动与 300 公里以内发生的大地震之间存在着某种联系，而且倾斜方位与震中方位之间似乎也有一定关联。这样根据 11 月初测量出的地倾斜变化量与倾斜方位，进一步确定了目前活动的这些地震震群就是大地震的前震震群。

同时，宁蒗观测点的磁偏角变化自 11 月 1 日以后也出现了剧变，地应力变化的连续观测结果也在同一时期显示出反常的增加，地下水中氡浓度自 9 月下旬以来出现连续的下降。9月下旬，宁蒗的水平摆倾斜仪的记录出现了缓慢的异常变化，11 月 5 日一反常态，突然发生逆转变化。

临震预报的传达

根据 8 月召开的云南省西北地区地震趋势会商会结果，成立了中期预报机构，临震预报将通过该机构顺畅地传达给民众。云南省在地震预报方面分成4个大的“值班区”，每个“值班区”由一个县轮流负责值班。11 月 1 日和 5 日两次发出临震预报时，该地区正轮上大理县值班，拥有下达命令的权限。

大理县立即通知了丽江，通过电话将预报内容传达给了4个人民公社的生产大队，当然也通知了毗邻的四川盐源县。

此时四川省地震局也对两省交界地区发生的情况有所掌握。9月15日在四川省南部地区会商会上，提出了可能发生7级地震的中期预报，预测“在1976年11月至1977年1月之间，盐源、西昌一带有可能发生强烈地震”。11月3日发出了“11月10日前，四川省盐源附近可能发生5级以上地震”的临震预报，紧接着11月5日在盐源县召开电话会议，传达了“动员民众进行防灾避难”的通知。

11月7日大地震之后，预报工作仍在继续，随后对12月13日的6.4级地震也发出了准确的临震预报。这次预报提前一星期就张贴在人民公社的黑板报上了。群众自11月初开始在防震棚生活，一直持续到异常现象结束。因为第二次的地震预报对他们来说似乎并非很重要，所以只用了张贴通告。

这几次地震中，群众的配合依然为预报工作提供了有力的支援。在震后的救灾行动中，群众也做好充分准备，齐心协力，没有任何人要求提前解除避难警报。这或许可以表明中国地震预报工作已经得到了群众的信任、获得他们的积极配合的水平。

中国地震烈度表

中国使用的地震烈度用Ⅰ－Ⅻ表示，以下主要是农村地区的适用标准（选自北京人民出版社的《自然科学小丛书——地震》。日本是使用气象厅提供的烈度（0－Ⅶ）。

Ⅰ－Ⅱ：一般人无感觉，只有地震仪才能记录到。

Ⅲ：室内少数人能感到轻微的振动。

Ⅳ－Ⅴ：人们有不同程度的感觉；室内物件有些摆动和有尘土掉落现象。

Ⅵ：较老的房屋多数被损坏，个别有倒塌的可能；有时在潮湿、疏松的地面上，有细小裂缝出现，少数山区发生土石散落。

Ⅶ－Ⅷ：大部分房屋遭到破坏，工厂高大的烟囱可有断裂，人畜有少量伤亡。

Ⅸ－Ⅹ：房屋严重毁坏，地表裂缝很多，湖泊、水库中将有大浪出现，部分铁轨弯曲变形。

Ⅺ－Ⅻ：房屋普遍倒塌，地面变形严重，造成巨大的自然灾害。

二

大地震预报的四个阶段

1975年、1976年两年间，中国连续经历了5次大地震，中国地震预报专业人员对地震前兆现象的出现方式进行了归纳整理，并且根据前兆现象，针对如何发出预报、何时发布、向谁发布等问题总结出一套独自的方法。到1978年年初，这些总结工作基本结束。3月召开全国科学大会之后不久，在日本代表团访华之际，不同省份地震局负责人向我作了清晰明了的说明，他们的见解如出一辙。

大地震发生前的准备阶段大体上分为长期、中期、短期、临震4个阶段。观测前兆现象要根据这4个阶段对观测项目有所侧重地进行；地震预报的表达方式与传达对象也根据各个阶段而有不同；行政领导的应对预防措施也因各阶段而有所差别；传达地震预报一定要注意处理好与群众之间的关系。在1978年的中国，这些都已经成为中国地震工作者的共识。

我们来具体回顾一下从长期预报到大地震发生之后工作的全过程。

地震趋势会商会

所谓长期预报，就是将认为很可能发生强烈地震的区域指定为重点监视区。为此，全国地震专家集中召开会商会。全国地震趋势会商会一般每年召开一次。在会上大家充分讨论，有时一次会议要花20多天才能得出预报结论。由此可见与会者对会议的高度热情和对相互间信息沟通交换的重视程度。有一年还出现过半年举行一次或三个月举行一次频繁开会的情况。

1970年年初，第一届全国地震趋势会商会在周恩来总理的亲切关怀下召开。这次会议有两个大的主题。第一主题是思考如何推进中国地震预报事业，确定发展方针。第二个主题是研究确定全国地震发生的可能性，研究讨论各地区的地震活动趋势。会商会坚持“以预防为主”的基本方针。第一届全国地震会商会重要的结论之一，就是将华北和东北地区定为重点监视地区。

1971年国家地震局成立，在地震局的统一领导下，全国地震事业蓬勃发展。此后，全国地震趋势会商会就由国家地震局召集举办。

除了全国会商会之外，根据划分的几大地震带，相关省份的地震工作者也多次举行了会商会。1974 年 11 月召开的东北三省地震趋势会商会与 1976 年 6 月 22 日召开的南北地震带紧急会议就属于这类会议。根据具体震情状况，分地区召开这样的会议。在全国和地区的会商会之后，相关各省又分别召集本省的地震工作者召开省级地震工作会议，在会上传达重要的地震情报，共同研究本省具体的应急对策。此外，在某个特定的会议上，也会有国家地震局的专家或跨省专家出席，并在会上发表意见。

被指定为重点监视地区的省份，由国家划拨经费、派遣专家、配备仪器器材等，这为监测中期预报以后的地震前兆现象提供了有力支援。各省出席全国会商会的代表们，将监测资料和意见提交给参会的全国专家研究讨论，请他们准确判断地震发生的可能性，必要时根据情况确定重点监视区域。

在中国，一般出席会议的人员都会积极发言，热烈讨论，勤于提问，直到弄明白为止。由于复印机尚未普及，人们拿到复印好的资料后都十分认真，不会随便看一眼就将资料带回去。因为器材缺乏，有人将幻灯片夹在纸板里，甚至带着自制的投影仪出席会议。如果你说实在想要资料，那么就会有人工工整整地抄写一遍，第二天早上送给你。这样通过参加全国会议，相互收获了很多重要信息，与会者将会议部署带回各自部门，传达给本部门的人以进一步深入研究。

中国地震代表团的访日人数 1975 年 6 人，1978 年 7 月 10 人、9 月 3 人，他们在日本访问的几个星期里，如饥似渴地了解、学习日本的现状，将学习成果带回北京，在北京再讨论 1—2 周，然后将其汇总成书面报告，最后回到家乡，向所属单位进行汇报之后，才能得到几天休假。

代表团访日期间，某个周日安排了一次观光旅游，我有幸陪同前往。这时一位中国友人担心地说：“你休息日不在家陪家人，家人不会生气吗？”我答道：“我们访问中国期间，你不也陪了我们三个星期吗？”他非常认真地回答：“我太太理解中日交流的重要性，不会生气。”由此我深深感受到，为了中国的发展，为了人民群众的幸福，他们对工作充满着坚定的信念和无比的热情。

地震预报专家的工作非常繁忙，一方面要加速推进国际交流，另一方面还要每天坚持观测自然现象的变化，不能有丝毫懈怠。不断增设新的地震台站，推进仪器设备的现代化任务也刻不容缓。但是，我们也看到一边悠闲地品着茶，一边慢慢地进行手头工作的情景，对此我们印象深刻。这也许是因为各自的分工有条不紊，人手充足；另一个原因可能是慢工出细活儿吧。总之经过多日研究讨论，最后专家们终获成果，并将其运用在地震预报工作上。

通过热烈讨论和认真分析，在掌握了全国各地的地震活动状况后，召开地震会商会，预测某个地区不久将可能发生强烈地震，这对以后预报工作的发展将产生巨大影响。监测自然现象的变化是预报工作的基础，而提高群众地震知识水平，开展宣传教育活动是抗震防灾的基础。多年来，发展阶段性预报、预防事业的第一步，都始于全国地震趋势会商会。

国家地震局根据会商会的研究结论，来决定人员配置、经费预算和仪器器材的分配等。如果长期预报已经确定，那么就传达到国务院各部委。为了地震事业迅速发展，还要加强推进国际交流。这种一元化领导体制成为地震预报的强有力的支持。

长期预报与重点监视地区

全国会议的结论

地震学者针对特定地区未来几年乃至几十年可能发生的破坏性地震进行推断预报，并将此预报意见上报给行政领导，行政领导根据该意见采取必要的行政处理措施。这就是地震的长期预报。在日本，也是先指定特定的观测地区或观测加强地区，这一点上两国的做法很相似。只是从以往的实例来看，中国在长期预报阶段指定的重点监视地区，比日本的范围面积要大得多。

1970 年第一届全国地震工作会议上，华北、渤海地区被指定为重点监视区，这是最早的长期预报。如果将华北、渤海地区这种利用地震活动特征确定危险区的方式套用在日本国内的话，就如同重点监视区划定在日本的关东地区、中部地区、近畿地区一样。在如此广阔的地域中，专注于综合性的调查研究，找出大地震发生概率最高的地点，区分安全地带与高危地带，更精确地划定地震危险区范围是地震专家的重要课题。如果能够比较详细地预测地震发生的时间、地点、强度，那么就可以过渡到下一阶段 —— 中期预报阶段。

长期预报的根据

以下三点可以说是发布长期预报的重要根据：

（一）地震地质学调查

关于地震地质学后面还将作详细介绍。简而言之，就是对活断层地带进行调查，揭示活断层的分布及其运动规律。对于地表考察无法了解的地区，可以通过物理勘探来了解其地下构造。通过这些调查结果，推断可能发生大地震的地带。

（二）地震活动分析

特别是对3000多年来记录的珍贵历史资料进行分析，从中找出该地区以往地震活动的规律性，从而探究最近的地震活动趋势意味着什么，目前是处于平静期还是活跃期，同时通过调查地震活动与活断层分布的关联性，来预测不久之后可能发生大地震的地点、时间和规模。

（三）地震台站的仪器观测

为了详细说明被调查的活断层目前的活动状况，就要取得各种数据，为此必须连续观测各种数据的变化量。可以设置自动记录式的倾斜仪、伸缩仪和地震仪等。此外在断层两侧布设的几处标石之间，每天实施重复测量。这种数据应该半永久性地连续观测记录，它可以有效地运用于大地震前的临震预报之中，而且地震后仍要继续测量，以便监测余震活动或邻近地区下次地震的发生。

活断层与地震

使用上述方法，通过对海城地震和唐山地震的发生地——华北和东北地区进行观测调查，可以得出如下重要结论，即将活断层的分布与历史上大地震发生地结合起来分析，这些发生大地震的地点都存在着显著特征，那就是发生在古老的东西向构造带与新的北东—南西向的大规模活断层交会

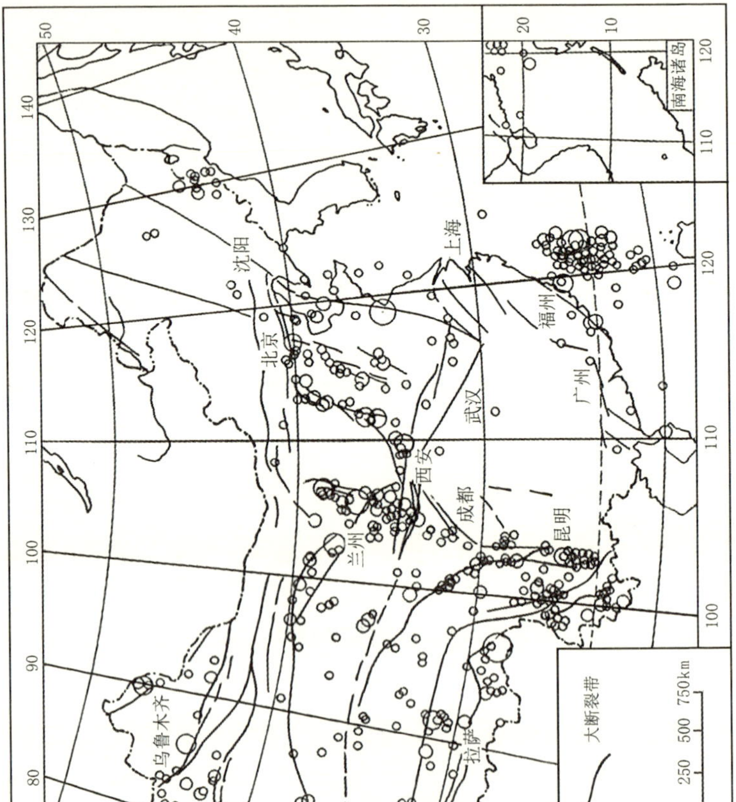

图 27　中国大地震与构造分布（公元前 780 年—公元 1973 年 5 月，震级 6 级以上）

处，过去曾经发生过强烈地震。

北京、天津等重要城市位于一个被称为华北地块的地壳块体。该块体的边界处是一条北起阴山、南至秦岭的东西向大型古老地质构造带，其西缘是一条南北向的贺兰山构造带。该块体内部是一条呈北东—南西走向的巨大的现代活动断层。据历史资料记载，历史上的强烈地震往往发生在这些活断层与阴山交会处，在地震活跃期间，地震活动有逐渐由东向西迁移发生的倾向。

经过海城地震和唐山地震，关于发震地区区域特征和发震地点随时间迁移等说法，在某种程度上已得到验证。假如这一规律适用于未来，那么在华北地块中，下一次的高危地区将是北京地区。华北地区曾经发出的长期预报，即使唐山大地震的余震活动基本消失之后，依然没有被解除。

专家指出，从活断层和历史地震资料分析，破坏性地震高发区还有另外两个特点。其一是多位于活断层带剧烈曲折突出或拐弯处；其二是多位于巨大活断层两端。云南龙陵和四川松潘、平武地震都属于这种类型。而且，活断层两端发生的地震，有相互交错反复发生的特点，预报松潘、平武地震就是活用这一特点的典范。

地震活动的迁移

在地震活动活跃的地带，地震会沿着构造带逐渐迁移发生。日本的研究人员也发现了这种现象。大规模地震活动中有发生在环太平洋地震带上的巨大地震，小规模的也有微小地震的发生地点沿着数十公里长的活断层逐渐迁移。中国内陆发生的历史上最大规模地震迁移现象是从北京到西安的两次迁移。第一次是从516年起至1568年为止，第二次是1626年始于北京，到1815年的地震为止。两次都是经华北地块内部的沿汾河延伸的巨大断层带向南迁移。第一次迁移即将结束时，1556年1月23日午夜，在长安都城（今西安市）附近的华县发生了8级大地震，造成83万人死亡，这是世界历史上死亡人数最多的一次地震。

第二次大迁移终止于1815年发生的大地震。在那之后，经历了160多年，而自第一次地震迁移结束至今已过去410年。如今陕西地震局的专家们依然在孜孜不倦地研究着。他们对华县大地震的记录进行了彻底分析研究，通过地质地震学的调查结果和详细的受灾分布情况，阐明了400多年前华县大地震的发生机制。

270多年来，华县大地震所在的渭河流域再未发生过6级以上地震，包括西安市在内的相关地区当然也没有地震预报的实践经验。1976年年底，曾经在省会西安市建设了一批防震棚，但是不久短期预报即被解除，预报以失败告终。

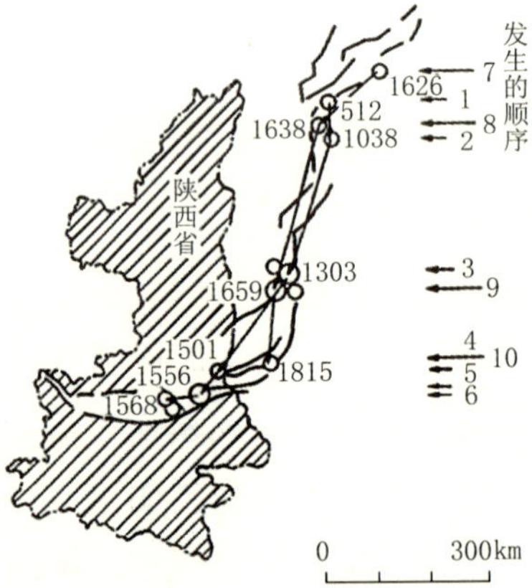

图28 华北地震带（北京至西安）的大地震迁移

从过去的地震活动资料中发现的规律，当然只能作为今后地震预报的参考，只能作为判定地震发生时间、地点的一个线索。所谓“古为今用，厚今薄古”指的就是要弘扬古代精粹，为今天所用，注重当下，推崇致用。比如上海等地区，历史资料中没有发生过地震的记载，目前也在积极推进地震研究。再如广东省新丰江地区，历史上没有发生过地震，但修建了水库，蓄水之后诱发了地震，该地区的地震研究工作也做得很好，取得大量重要成果。

地震活动空区

大地震前，包括震源在内的一定区域内几乎看不到地震活动的迹象，即形成一个空白地带，这种现象叫作地震活动空区。空区往往被运用在寻找未来大地震高发地点上。一旦发现小震活动开始频发，而且从空区外围逐渐向中心发展，那么就意味着地震预报开始进入中期阶段了。这种空区一般多是沿活断层带形成一个椭圆形，其面积或长轴的长度与未来发生的主震震级之间存在一定的比例关系。这一特征也可以作为预测发震地点与震级的指标之一。

在空区内，地震波地下传播速度的变化现象，无论中国还是外国都有发现。虽然发表过许多研究成果，但地震波速变化在实际的地震预报中起到的作用似乎极其有限。

重点监视

为了预防不久将发生大地震，指定为重点监视的地区迅速开展了地震台站的建设工作，实施各种各样的调查研究活动。如果能从这些工作中，获得一些可信度高的资料，能显示自然界异常现象即地震前兆异常变化，地震专家就会向其行政主管部门提交中期预报意见。

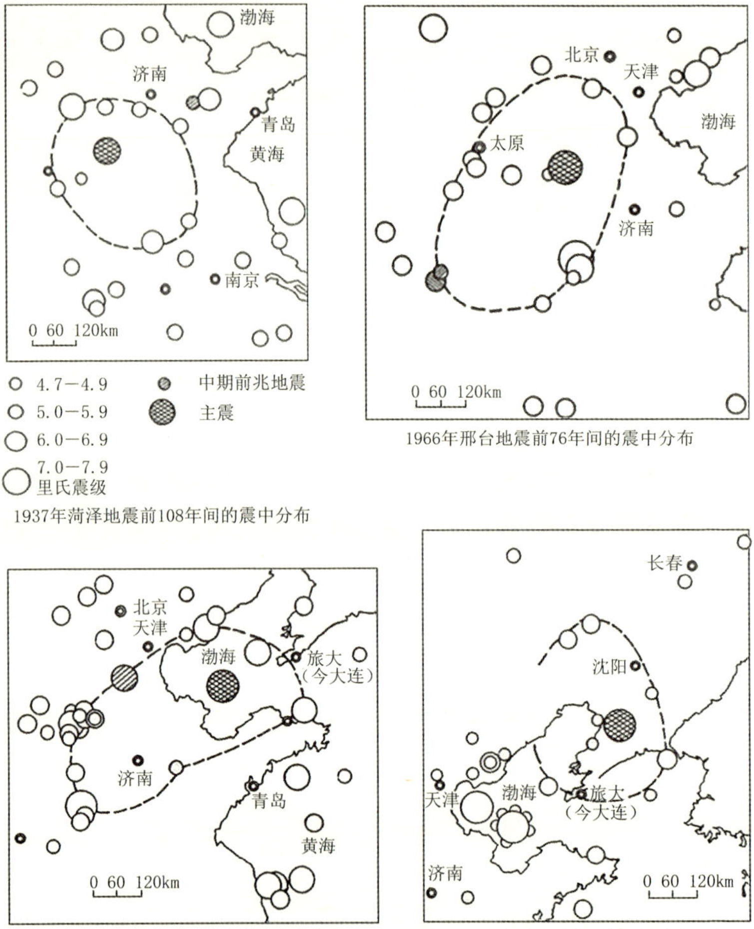

1937年菏泽地震前108年间的震中分布

1966年邢台地震前76年间的震中分布

1969年渤海地震前80年间的震中分布

1975年海城地震前95年间的震中分布

图29 大地震前的地震空区

当然，其中既有一年之内就由长期预报过渡到中期预报的地区，也有长期预报已经过了数年，仍未过渡到中期预报的地区。还有的地区，虽然已经发生过大地震，但仍然继续被指定为长期预报的重点监视区。没有人清楚监测人员何时能捕捉到进入中期预报的异常信号。这就是地震的阶段性预报所具有的特征。地震预报专业人员和民众都必须具有“宁可千日无地震，不可一日无防”的精神。

以目前的预测技术水平，要发布近期不可能发生地震的预报是相当困难的，中国的地震工作者们正在致力于这一课题的研究。沈阳是辽宁省省会，位于成功预报地震的海城县以北。海城地震发生 4 个月之后，根据专家意见，省革委会向人民群众发出了安心生活、发展生产的通知。这一决定是在地震活动、地应力以及各种连续观测结果的研究基础上作出的。该通知下达之后，沈阳市专群结合的地震预报工作丝毫没有放松。如今他们正在为继续进行高精度的观测（基础研究的目的），向国内外前来学习的来宾介绍宝贵经验而努力工作。

中期预报的效果

长期预报与中期预报结合起来经常被统称为中长期预报。这是因为很多时候，某个地区被指定为重点监视区与得到该地区不久之后可能发生大地震的具体观测资料往往在同一时期的缘故。如果能够充分捕捉到中期预报阶段的前兆现象，那么预报工作就很容易进行。此外为了发挥其效果，须保证留出必要的准备时间。比如修建大型防灾工程设施、确保一定的时间实施城市整体的应急防灾对策等工作。

中期前兆信号

大震发生的前几个月乃至前 1—2 年，基本上中期预报的前兆现象就会显现出来；在适当时机捕捉到中期预报信号，是成功预报大地震的关键。这两点已经成为中国专家的共识。并且他们确信，不久的将来一定能够捕捉到中期前兆异常信息。这种信心来源于近年来大地震时，专家们有实际预报的经验以及对以往资料深入分析，掌握了大震前的异常状况。自 1966 年以地震预报为目标的国家事业开展以来，虽然有几次地震没能发出预报，但是却留下了大量珍贵的观测资料，其中包括1970年1月15日发生的通海地震。

以下前兆现象常作为中期预报的依据：地震活动的时空变化、地震活动性变化，以及通过各种观测手段观测的地形变、地下水水质变化、地应力的测定结果等。中期预报一经提出，就要对作为依据的前兆现象继续进行跟踪观测，同时尽快建立捕捉短期、临震异常现象的观测网，尽可能配备多种观测仪器。因为无法预测何时出现短期前兆现象，所以一刻都不能放松监视。作为行政机关的防灾对策，这个阶段开始尽快实施大规模的抗震防灾工程建设以及对民众的地震基础教育。

地震活动性

表现为中期异常的地震活动有几个特征。最为明显的特征就是形成的地震活动空区周边的小震活动逐渐频繁。从时空分布，即从发震地点是怎样逐步迁移变化来看，可以发现，空区周边的小震渐渐向空区的中心包围，空区在缩小。空区内的小震活动慢慢变得活跃，同时周边一带的群发地震此起彼伏。

抗震加固后的工厂

比较强烈的地震一般都发生在大规模活断层交会处附近，小震则沿活断层带分布。当大地震临近时，沿活断层的小震分布就逐渐明朗起来，或者小震活动沿活断层不断迁移。这些都有可能是中期阶段的前兆现象。

应力场的变化

要注意观测每个小地震的发生方式。从地震波的频谱分析可推断，地震波高频成分为主起始的地震，震源应力降则较大。这是高应力场之中发生了破裂的表现信号，也可以考虑是包括空区在内的一定区域内应力场已经增强。

可以通过地震波的观测资料，求得致使每个小地震的发震应力的主轴方向。大地震发生前，这些应力主轴方向将会在某个地域内向一定的方向集中，并且与该地域范围内起控制作用的平均应力场的方向一致。这种现象表明该地域的应力场已经开始增强。

整个应力场相对较弱时，每个小震的震源应力降也较小。此外，地震发生即产生破裂时，作用力的方向也受到小地区局部应力场的干扰影响，无法集中成一致的方向。这样仔细分析地震的发生机制，可以作为中期阶段的前兆现象之一加以利用。

地形变

如果地下应力场的状态发生变化，马上就会通过地表变形表现出来，这种变形叫作地震前兆的地形变。作为地震前兆，可以通过反复测量或仪器连续观测来取得。

测量有两种方法。第一种方法是沿长距离路线反复实施水准测量，从测量结果得到相关地区的局部性隆起现象或倾斜变动，然后求得地应变的模式。根据以往的经验，隆起量最大的部位容易发生地震，但是在隆起等高线密集的部位，即应变量大的地方也会发生大地震。

第二种测量方法是短水准测量，即在距离几十米远的地方布设几块标石，反复进行精密测量。标石布设在活断层两侧，多数情况下是与断层走向垂直的方向和平行的方向来测量。每天至少测量一次，其目的是可以详细监测活断层的动向。

同样原理，也可以使用水管倾斜仪进行连续观测采集数据。位于北京市西南郊区的大灰厂地形变观测站，可以进行跨八宝山断层的水管倾斜仪观测和短水准测量，将两种观测数据进行比较。八宝山断层呈北东—南西走向，横穿北京市，该观测站不仅对监测北京市地震活动发挥了巨大作用，而且对唐山地震由中期预报阶段过渡到短期预报阶段的前兆现象留下了详细记录。

在日本，地形变的连续观测一般是在很深的隧道中进行，这是为了避开地表附近常有的气温、气压、降雨量等气候变化的影响。而在中国，似乎鲜见使用深隧道的观测。我见到过几个在不太深的坑道内放置水平摆倾斜仪进行测量的观测站，但是因距离地表近，噪声都太大。海城地震、唐山地震时，作为短临预报阶段的前兆现象，都对地倾斜变动作了详细记录，那是因为当时的前兆异常信号大到可以覆盖一切噪声的程度。

了解地下应力场变化还有一种方法，那就是使用被称为地应力仪的仪器。即在钻孔的深井里，放入一个简单的感应器，检测其口径方向的伸缩变化。检验形变的感应器是运用电话话筒中使用的炭粉的电阻变化来进行电化检测，这种方法比较常用，可以发动群众在多个观测点进行连续观测。

无论哪种观测方法都大同小异。比如测定地应力变化时，是将每天几次读取的数据做成图表记录下来。在日本，地震专家实施观测作业时，大概一半以上的经费都用在了购买遥感仪器和记录设备上。而在中国，增设观测点时，需要发动群众积极参与配合，我深知中国广大民众齐心协力所发挥的强大作用。这不仅仅是单纯的经费问题，也不是日本国内说的“省力化”或“人海战术”等问题，而是因为通过调动民众热情参与的积极性，能够获得完整、高质量的资料数据；另外，通过民众的积极参与，能够进一步加深大家对地震现象的理解。

提到地应力变化，归根结底是测量其变化的结果——岩体的应变。提早开始不间断地收集这些数据，对确认进入地震预报中期阶段起到不可忽视的作用，同时对捕捉短临阶段的前兆现象有突出效果。

地下水

中期前兆现象也可以通过地下水氡含量的变化来捕捉。当然即使对地下水检测的每一项数据都进行分析，也很难说中期前兆现象已明显出现。但是若将其他各种现象的变化结合起来综合分析，才能确定中期前兆现象。

在这一阶段，应该尽可能采用各种有效的监测自然现象的方法进行地震预报。在积累了相当丰富的经验之后，大概才能整理出简单明了的监测方法吧。

中期预报

一旦获得进入中期阶段的各项可靠证据，那么地震专家就要对各种相关资料作进一步的分析研究和讨论，然后将结论作为中期预报提交行政领导。归纳提交预报意见是相关省地震局的工作，预报意见向有关部门进行传达，命令采取防灾措施，则是省革委会主任的职责。

同时，该省地震局的意见将以国家地震局为中心，经过更广泛的专家论证，国家地震局再将论证的结果向国务院各部委传达。有时省地震局与国家地震局的意见会出现若干分歧，但是不会影响捕捉短期前兆现象。

1975 年 12 月，距唐山地震半年多前，国家地震局就向国务院各部委传达了唐山地震前的中期预报。国务院各部委立即召集许多直属大工厂的领导干部到北京，详细通报了预报内容，制定了预防措施。如果从天津市某国营工厂收到的后期效果来看，这次中期预报具有重要的意义。

天津市发电设备厂优秀的领导与员工齐心协力，在材料缺乏的情况下，自力更生，将 7 万平方米的厂房做了抗震加固，最大限度地降低了唐山大地震带来的损失。

在中期预报阶段，还不能将预报内容直接通知民众。只能对民众进行一般性的地震防灾知识宣传教育。报纸、电视、广播等大众媒体也严格遵守这一方针，因此很少会引发不必要的混乱。但是当民众看到工厂实施大规模加固工程，也会传言:“可能要发生大地震了。”

一旦出现这种混乱迹象，政府就会立即出面作出解释，进行正面引导。为了扩大加强观测网，政府会发动民众积极参与，通过增设群测点，解除民众的顾虑，收到了良好的效果。当然最重要的还是在各地设立专业地震台站和预报用的观测点，配备常驻专业人员。

根据经验，中期阶段的前兆出现之后，几个月至1—2年后就会出现短期阶段的前兆异常。但是对未来发生的大地震，很难保证能有几个月以上的预备时间。这是因为这些前兆现象都只是凭借以往经验得到的，还不能从物理学角度对其发生机制进行充分解释。

如果仅以地震预测预防为目的，那就要快速扩充观测台网，捕捉短临前兆现象。以中国目前（注：1978年）的技术力量，不可能在短期内购买、设置大量的观测仪器。虽说实现技术现代化已是既定方针，但还只是未来的目标，距离实现仍相差甚远。这就要求在很长一段时间内，必须因陋就简，因地制宜。因而当已经习惯了先预览商品目录再购买仪器设备的日本专家们，亲眼目睹中国的群测点中那些简易观测仪器及其简单的测定方法原理时，常常禁不住大吃一惊。

就这样，在增设的众多观测点，专家和民众都在夜以继日地监测着、工作着。当他们在同一时期，接二连三地发现各种异常变化并上报时，那么就可以断定大地震已经十分迫近了。

短期预报与震灾预防

短期前兆信号

一般认为，大地震前的短期前兆现象，在震前几个月乃至几周就会显现出来。中期前兆现象多数变化缓慢，与之相比，短期前兆现象则变化非常迅速，并且在震中附近地区表现得尤为明显。这对缩小预测大地震发生的范围、地点十分重要。更重要的是，经过中期阶段的准备，监测台网得到充实，因此不会错过短期前兆现象的发生。

短期阶段与临震阶段的前兆异常信号之间，不一定存在明确的界限，有时将二者合称为短临阶段。这相当于日本的“短期预报”。在确认短期前兆之后提交的短期预报里，一般预测发震时间都会留有余地。但之后若判断发震时间可能提早，可以修正预报。进入短期阶段，就必须尽快提早落实具体的防震抗灾工作。

刻不容缓地集中处理监测数据，尽快让专家作出判断，将专家的结论和预报意见，以最快的速度准确无误地传达到基层组织，是短临预报的关键所在。如果采用地震遥测台网和电子计算机在线处理、无线防灾等现代化技术，那么效果

营口火柴厂的
"安全岛"

将更加明显。在没有上述现代化技术条件的情况下，中国是如何应对这种落后的信息传达呢？我将在这一章节和下一章节简单介绍一下。

大地震的短期前兆信息，可以通过许多不同的异常现象得到确认。地形变、地应力的变化、地震活动的变化、地磁场、地电、地下水的水位变动以及水质变化等都起到重要作用。此外动物异常等宏观异常现象数量虽然不多，但进入短期阶段，就会陆续收到此类报告。

地震活动性

作为进入短期阶段的地震活动变化标志性信号并不那么明显。震例不同，出现方式也大相径庭。其中最为常见的现象是，在空区周围有明显的中等地震发生以及在空区里小震活动的活跃化。

当然上述现象有时与大地震发生并没有关系，因而不能光凭这些就断定大地震已经临近。地震预报的根本，就是以多样性的视角，观察地下的各种现象，然后在大脑里综合分析这些现象，作出判断。在空区周边，如果发生4—5级地震，就会给专家造成紧迫感，他们强迫自己对全部资料重新进行分析研究和讨论。如果认为有进入短期阶段的征兆，则会进一步增强预报的信心。

如果地震发生致使无法得到连续的地震观测资料，但其他有关地形变、地电、地下水等前兆数据可以连续取得。从这些连续的资料中，如果发现地下的自然现象发生剧变，那么就容易作出震情判定。庆幸的是，到目前为止，被各国地震学者所公认为的地震预报有效的各种连续观测方法，全部在中国得到了应用，其中大多数取得了成功。

中国与其他国家在地震预报成果上最大的不同是资料收集的方法论。在人员、预算相对不足的基础研究阶段，大范围设置众多的观测点，长期不间断地取得资料，几乎是不可能的事。因此，有关大地震预报的研究结果，常常是停留在强调“可能发生”的阶段。将地震预报作为国家事业来推进的中国，正在努力追求这种可能性，以实际行动推动预报工作进一步向前发展。

地电阻率

将电极埋入地下，连续观测自然电位是调查地下电性，运用于地震预报的方法之一。而地电阻率法被认为是更值得推崇的方法。因为前者观测时易受噪声干扰，自然电位观测会由于外界磁场变化或人为环境条件变化的噪声而受到干扰影响。后者则可以高精度地观测地下电阻率。这种电阻率的

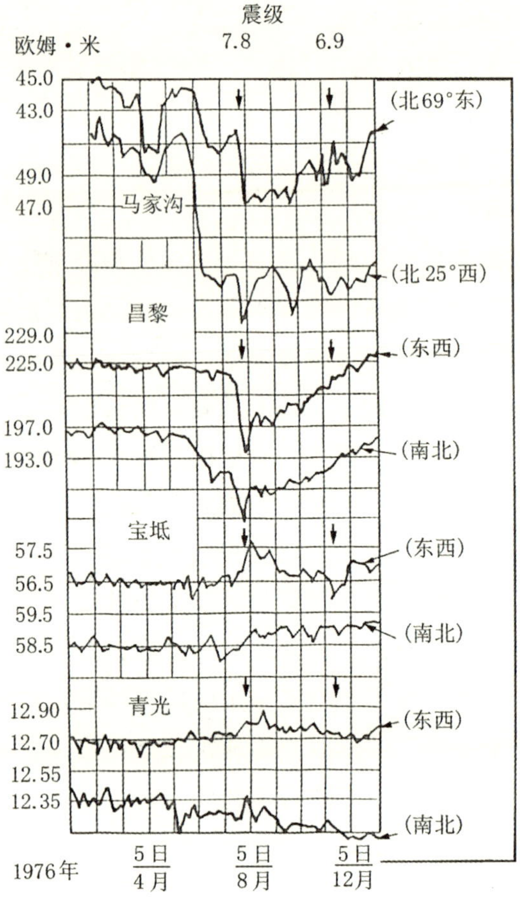

图 30　唐山地震前后的地电阻率变化

测量是在相距几公里的地方埋入 4 个电极，然后施加几百伏电压进行的，因此这一作业也伴随着一定风险。

在日本，作为基础研究使用这种方法进行地下探查。比如，最近就在山崎断层试验场反复进行此类试验。日本大地电磁学家全力投入该项工作中，现在终于可以做到每年测量一次。当然工作内容的密度是非常高的。

在中国，从唐山地震前兆记录的电阻率变化数据就可以发现，这种测量工作是连续进行的。图中显示的是日均值，也就是说一天观测几次。华北地区有十几个观测点，保存着1970年以来的连续观测数据。每个观测点都配有专业的、充满工作热情的员工。几年后的唐山地震可以充分证明，这种连续观测地电阻率变化的方法，对预报大地震具有非常重要的作用。

唐山附近的地电阻率出现剧变始自1976年4月，距离地震发生约4个月之前。这一变化距离震中越远则幅度越小。说是急剧变化，但并非一出现马上就可以确认。进入6月之后，就出现了明显的短期前兆，6月22日的会商结论中保留着明确的预报根据。但走到了这一步，临震预报竟然失败了，一想到这些，我不得不同意中国专家的看法，一半应归咎于“四人帮”的干扰。经验教训告诉我们，地震预报和震灾预防深受国内政治形势的影响。

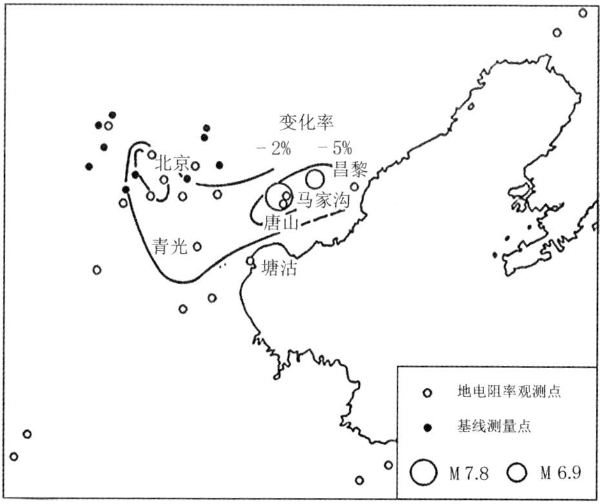

图31 地电阻率观测点的分布（o为标记）

地形变的突变

地形变连续观测结果显示，中期阶段显露的缓慢异常变动，在进入短期阶段时，突然一度急剧加速，之后又开始突然快速恢复原状。这种表现模式在跨活断层短水准测量等资料数据中能够看到，不过观测实例并不太多。由于能够看到明显的变化模式，因而它对实际的地震预报贡献巨大。

在平原地区进行的水平距离变化观测资料比较多见，但是出现明显的短期骤变的资料似乎不多。如前所述这种测定方法中仍然存在许多问题。地形变的测定，需要高灵敏度、高稳定性的测量仪器。相信今后会不断涌现这方面的成果。

连续观测地应力变化的工作可能符合中国的现状，因此取得很大成果。许多群测点使用简易方法测定钻孔水井口径的应变，测量仪器的性能并不优良，逐渐偏向一方的噪声干扰也较多，不过对于捕捉短临前兆的急剧变化似乎不成问题。关键是要早下手、广布点开始进行观测。

进入短期阶段之后，各观测点的地应力变化接连得到确认。某个时期，几天甚至几十天内数值突然变化，之后不久又维持在一定水准值。这类资料针对唐山地震做过最系统的总结报告（参照图 20）。

地下水异常

对于地下水水位和水质分析，只要准备好适当的工具仪器和确保熟练的技术人员，操作起来比较简单易行。挖一口专用水井，每天采集井水进行化学分析，重复操作即可。这种每天水质分析的作业也常应用于地震预报之外的目的。在日本，从事地震预报工作的专职人员欠缺，成功预报地震的实际经验也比较少，相反，在自动记录方式的研发方面不断取得了进展。

中国的地下水监测是以水位变化和地下水氡含量的变化为主进行的。全国 17 个基准台和大约 60 个地震台站都开展了监测工作。此外还有许多群测点，其中地下水位观测点占相当大的比例。

对氡含量的变化模式进行明确分类可能有点困难，大体上可分为三种类型。其一，在相当长的时间内，即自出现中期阶段的异常变化以后，直到地震发生为止，一直保持在一定水平上。这种水井几乎不会有短期前兆重复出现的现象。其二，发震前几个月水氡值突然上升，不久之后又开始下降，呈现山状波动。这与短期阶段其他项目手段的前兆变化相吻合。其三，震前数日，只在某个很短的时间内，水氡值突然呈现脉冲式的大幅突跳，这是临震阶段的前兆。

异常现象的分布

地下水氡值的异常变化，通常表现为与平常值相比增加的倾向，而且靠近震中越近增加量就越大，出现异常的时期也越早。

与此相反，如地电观测分析结果显示，距离震中越近，出现异常现象的时间则越晚，并且变化越小。有关震中位置及其周围的前兆现象的出现特征，中国已收集了大量详尽的数据资料，目前开始作系统性调查研究，还未见到综合性整理结论。

有关大地震的短期预报，除了上述的方法以外，根据群众的观察报告和专家确认的动物异常表现等也被列入宏观前兆的参考。地震前接到的有关动物异常报告的总件数中，10% 左右都是在进入临震阶段之前的短期预报阶段就已经收到了。这些“宏观异常现象”也不能成为短期预报阶段的主要依据，只可以作为参考。

平武县的西北部，有一处王朗自然保护区，是大熊猫的生息地。大熊猫生活在海拔 2600—3500 米的高山竹林里，喜爱吃竹叶和竹笋，因此被人们称为“和尚”。松潘、平武大地震前，它们的食物竹叶和竹笋大多枯萎了，所以有人发现了饿死的大熊猫。地震前，专家接到过一些关于植物异常的报告。此外，还发现果实边上又开花的“重花”现象（参照第 70 页的照片），表示进入短期阶段的前兆现象，往往是在短时间内突然出现剧变，因此对专家来说有些因素容易识别判断。而且这种信号一旦被确认，那么推断发震时间、地点等预测范围就能够缩小很多。根据这些信号的分布范围，还可以大体推断出地震震级的大小。

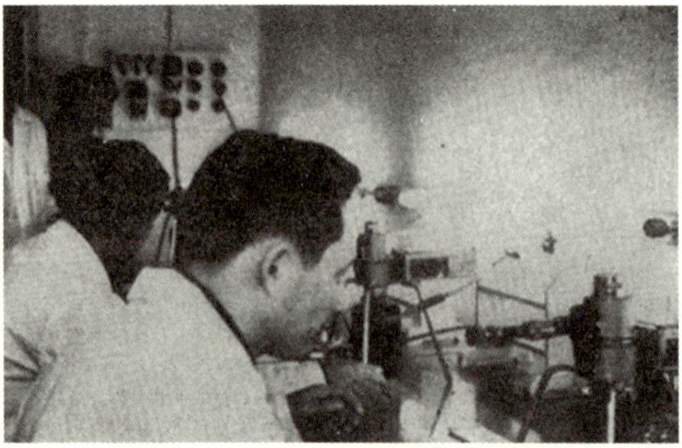

水氡分析

大熊猫

短期预报

省地震局在震前对这些资料进行分析讨论，然后将讨论意见提交给省革委会。短期预报将通过以防震抗灾为目的而成立的行政机构传达到各个村庄。指示内容包括安抚群众情绪、实行值班制度、准备进入临震阶段、继续紧张观测各种前兆、部署落实防灾计划、提前做好准备以便群众随时可以避难等临震前的各项具体应急事项。

预报的传达

中长期预报是由中央通过会议或书面文件传达给一定级别的组织干部。与之相反，短期预报是利用适合当地实际情况的方法，传达到基层组织，一般多使用电话。此外也常召开会议，一般是中央干部来到当地的防震指挥部召开会议。在中国，尤其在地方，电话还没有普及，只有在非常紧急的情况下，才会使用电话传达命令。一般地方的普通家庭几乎都未使用过电话，而且尚未实现自动化。因此重要通知还得依靠当面传达。我们在日本曾多次有过这样的经历，发生灾难时，首先是电话断了接不通。在此意义上，中国的电话可信度很高，可以说在目前发挥着重要的作用。

中国当前尚未实行观测资料数据的中央集中处理，因此各地的观测点都配备了经验丰富的专业人员。这些专业人员对自己所负责的观测仪器的检修、数据资料的整理以及基于数据资料进行的判断都做得非常认真。他们的分析判断结果，一般被归纳为地震发生的可能性、时间、地点、震级等几点，这些意见通过挂号信、电报、电话等报告给上级预报机关。由于观测点都未使用无人自动操作型仪器，所以不会因为仪器发生故障而导致观测中断。这里的工作人员在作判断时会把当地的环境条件等各方面因素综合考虑在内，他们都在为中国的现代化建设努力学习、刻苦钻研。

地方观测点的工作人员，是连接当地群众与地震预报事业的窗口，起着重要的桥梁作用。他们接到动物异常的报告后，会亲临现场确认，如果自己拿不准，则会进一步要求中央派遣专家前来判断。通俗地讲，他们跟每个乡村、每个工厂配备的“赤脚医生”一样发挥着不可或缺的作用。

收集传达信息、派遣专家等工作，由省地震局车队承担。众多吉普车发挥着威力。搬运仪器器材有卡车，当地召开紧急会议时，使用大巴或小巴。遥测地震仪、电子计算机等至少在目前为止的地震预报中还没有使用过。他们在这种没有现代化设备的条件下积累了一整套的工作经验。正是有了这样的经验积累，今后再引进新的仪器设备和先进的工具才有可能真正发挥作用。而关于日本经历的痛苦教训——因设备优先但教育与培训滞后而造成的信息瘫痪，中国的专家已经了解。

抗震救灾

短期预报公布传达后，各地的抗震救灾活动在事先的准备下迅速展开。实施避难准备和避难训练是最基本的做法，与此同时把守重要地点。在观测站派人看守，以免错过临震现象的突然出现；在工厂等地实施值班制，以便信息顺畅传达；省里行政领导以及地震局的干部也必须做好随时能发布

简易防震棚

避难命令的准备。

有趣的是，即使进展到目前的状态，不少街区大多采取暂停建设防震棚的方针。他们解释说这是因为等临震预报和避难命令下达之后再开始施工，这样不易造成材料浪费，不会给国家增添麻烦，当然确保施工人员的工作并未停止。根据天气冷暖与否以及地点的不同，采取的措施会有所差别。

同样，工厂的生产活动必须继续进行，不能让工人们心感不安。必须建设工厂的“安全岛”，设置站岗哨所。所谓“安全岛”就是保护生命的避难场所，有多种形式。宽阔的道路中间的安全地带也可称之为“安全岛”，“安全岛”大多是用钢筋简单搭建的防震棚。一旦警报响起，人们会立刻冲进去保护自己的生命安全。必须让大家明白临阵警报一定会发出，

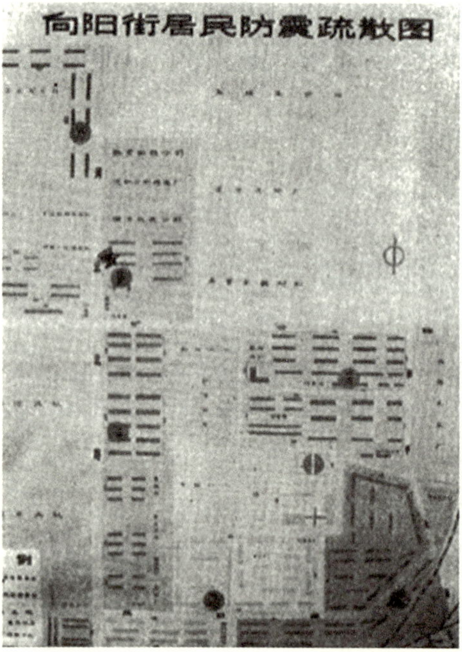

天津市塘沽区紧急避难场所指示图

通过值班哨所一定能够传达出来。

工人们都知道，地震预报工作是靠平素的热情才能坚持下来，他们通力配合，这种配合也有助于消除他们不必要的惊慌不安。

这样，做好应对临震现象出现后的各种准备，就不会漏掉任何微小的异常。从各处的观测站出现的异常现象以及根据各自判断认为在某个时段可能发生大地震等报告源源不断地发往省地震局。如果过于紧张，即便没发生什么，也很可能会与大地震联系起来，由此可能导致发错预报。为避免这种情况的发生，现在改为由省地震局提出地震预报意见，由省革委会决定发布预报并传达下去。为防止地方联络不及时，相关领导要亲赴地震即将发生的预报地点，召开现场会议。

如果责任制度规定得明确具体，且能让人切身感受它的作用，那么人们就会安下心来。地震预报的信息来源广泛，获取信息的手段多样。有时候各地送上来的报告即使发现了异常的自然现象，或是在极端情况下因过度紧张过早作出的判断，若在某个地区这些报告是极少量的，省地震局的负责人有可能将此异常当作干扰噪声处理。但是如能掌握这一阶段的噪声情况，那么迅速发现临震阶段的初始端倪就会变得容易。

为使预报大地震获得成功，长期、中期、短期等各阶段均起着重要作用。只有扎扎实实地做好各阶段的工作，才能增加临震预报成功的可能性。当然，使正确评判每个阶段变为可能，都源自于观测大震前的各种现象中得到的经验。多数的中国专家似乎都深信大震前必定能发现这些现象。没有相应的准备，即使突然观测到了震前现象，也无法进行有效的地震预报。

临震预报与避难

迅速敏捷的判断

所谓临震，是指强烈地震即将来临的时刻，即眼看地震就要发生之前。在基于短期预报进行监测的过程中，一旦确认有临震前兆异常现象，要立刻发出警报。临震现象一般出现在地震发生的前几天、前几个小时，有时是前几分钟，可以说这是长期预报工作取得具体成果、获得评价的最后瞬间，必须作出迅捷准确的判断和处理。

在日本，一般是导入计算机系统来完成需作出敏捷判断的大规模的预报工作。在中国，计算机尚未出现在地震预报中，一般依靠专家的会商会处理所有的工作。为迅速作出判断，他们学习以往的震例，整备观测仪器，严格执行值班制，满怀使命感地努力工作。他们充分了解以往的震例，不断分析研究，这理所当然成为准确判断的基础。

物理学上无法明确解释大震发生前的整个过程以及为什么会出现前兆现象。但是，与地震学所追求的对真相的解释说明不同，人们希望尽可能减少灾害、预防灾害。如果要发布地震预报，那就必须观测自然现象，即使不懂“为何发生地震”，也要知道“如何防范地震”。

大地震并非经常发生，历史上遗留下来的只言片语、最近的记录等都成为了宝贵的经验。在地震预报的实际工作中，相比理论与计算，经验更为重要。做出判断的人是地震预报的技术人员，需要时刻不断地学习。另外，为了提高对未来地震预报的准确度，地震学者必须进行基础研究，并有义务记录下不可复制的地震现象的准确资料数据。

我们在学习中国最近的经验时，最重要的事情是看到了这样的记录资料，即大震迫近前，必然有临震前兆现象。有的日本地震学者认为，因为没有前震，唐山地震的临震预报失败了，由此可得出大地震的预报并不可靠，未必一定有前兆。事实上，唐山地震前许多自然现象的剧烈变化已被观测记录了下来。

问题在于这些记录没有被有效地利用，有人批判其根源在于“四人帮”的干扰。大地震的临震预报应向民众顺利传达，这种传达应该由行政单位负责进行，在中国也是这么规定的。从唐山地震的惨痛结果来看，否定发展科技的重要性、否定保护群众免受灾害这一基本方针，理所当然应该受到批判。这一批判之所以正确，得益于许多有关临震前兆现象的明确记录的支持。

曾在“四人帮”手下的国家地震局工作的某位领导，对唐山专家们提出的“唐山可能有一两次地震”的意见反驳道:“这里不可能发生6级以上地震”，并扣押了专家们的预报意见。唐山地震翌年我到中国访问时，他从国家地震局消失了，取而代之的是脸上绽放出明朗笑容的科学家们。对中国的科学工作者而言，“四人帮”的毒害究竟是什么，我无法真正理解，但是我却亲眼看到了“四人帮”垮台后洋溢在科学家们脸上的生动表情，讨论过程中没有了抵触，与中国专家之间的交流成了真正快乐的事情。

震前异常现象在世界历史中有很多记录描述，民间百姓中也留下了各种传说。其中许多是科学发展到今天经科学家之手留下来的记录。这些临震现象一般出现在震前几天至震前几个小时，有时甚至是前几分钟。要想把这些信息有效用于抗震减灾之中，就必须阶段性地发布中期和短期预报，做好准备。在 1974 年以前的强烈地震中，有关临震现象的报告和记录虽然很多，但预防成功的事例却很少。大地震造成的受灾区域分布广泛，一些地区偶尔发现了临震现象，但都没有发布警报。

中小地震的经验

另一方面，即使没有阶段性的预报，发生中小地震时，突然发现临震现象，发出警报让居民成功避难防灾的事例有不少。国家地震局成立之前，这些成功事例就开始显示出国家事业的成果。对中小地震，有时观察到区域性的前兆现象，受灾地区能控制在小范围之内。由于地震预报能够顺利下达，可以很好地发挥防灾效果。

在此介绍几个较小规模地震的临震预报成功震例。

1970 年 11 月 8 日，四川省马尔康发生了 5.5 级地震。木朗大队出现动物异常、有感前震活动，村民们在主震来临前撤离到户外。众多房屋倒塌，但无受伤者。

1971 年 6 月 11 日，宁夏回族自治区发生 4.9 级地震。吴忠县高闸人民公社观察到前震和动物异常，召开了紧急会议，让居民避难。避难完成10分钟后就发生了主震。

1971年8月26日，河北省束鹿发生4级地震。新城南街的地下水观测员根据8月24日地下水的观测值，向公社报告说3天内将发生地震。

1972年2月3日，云南省红河自治州发生4.8级和4.2级两次地震。红河自治州地震办公室依据小地震群的停止、大地电流、鱼以及气温的突然上升等现象，于地震18小时前，提出“24小时之内可能有4.5级左右地震发生”的地震预报意见。各人民公社采取了预防措施，加固了建筑工程。

1972年9月27日，四川省康定发生5.8级地震。折多塘生产队的群测点观察到地电骤减，动物表现异常，发布了“近日可能有5.5级以上地震”的预报意见。意见发出时间为26日下午，地点位于震中距40公里处。地震发生后的28日异常现象仍在持续，该群测点接着又发布了“还可能有较大地震”的预报意见。之后的30日，发生了5.8级和5.5级两次地震。

1973年3月22日，云南省思茅发生5.5级地震。玉溪邮电局的群测点发现地倾斜、地电和井下水位有变化，向革委会上报了“峨山、元江、思茅一带两三天内将有可能发生4至5级地震”的预报意见。此预报通过电话传达到周边各县，各县采取了预防措施，加强了值班制度。

1973年8月16日，云南省普洱发生6.2级地震。地震前，普洱县地震办公室根据地电的剧烈变化发布了预报，电话传达到各人民公社。由于实施了预防措施，房屋虽有倒塌，但没有压死者。

以上震例是从中国的文献资料中随意摘取的，在我的笔记中记录的就有30多个。中国很多地区随处可见的土坯房，哪怕经历这样的中小地震，也经常会发生房屋坍塌和压死人的情况。临震预报在保护老百姓生命方面起着极为重要的作用。即便有误报而致避难，人们也认可“以预防为主”的方针，满怀感激并不遗余力地支持着这项国家事业。

大地震的临震现象

简单说，与中小地震相比，大地震的临震前兆现象表现得强烈而广泛。临震前兆以地下水、地电、大地电阻率、地形变、前震、动物异常、地声、地光现象为主。地震预报就是监视以上所有现象，对其观测并综合分析得出高精度的判断结果。

地电流

土地电观测有民众的配合，能以较低的成本简单地进行。将铅板、铜板作为电极埋入地下2米以下的深处，就可以用仪表测量出相隔1公里的两点间的自然电位。一天之内通过对东西方向和南北方向的电位变化的重复测量，可将所得数据绘成表格。在缺少电力资源的农村地区，这些统计资料可被用作可靠的自然观察数据。在大地震的临震阶段，正常情况下的200—300毫伏左右的自然电位会发生数十毫伏的突跳异常增减现象。有时还会发生因自然电位数值的强烈脉冲突变而无法读取数据的情况。

在具备专业人员的观测台站，一般通过观测大地电阻率的变化来了解大地电阻特性的改变。在数公里的距离内将4

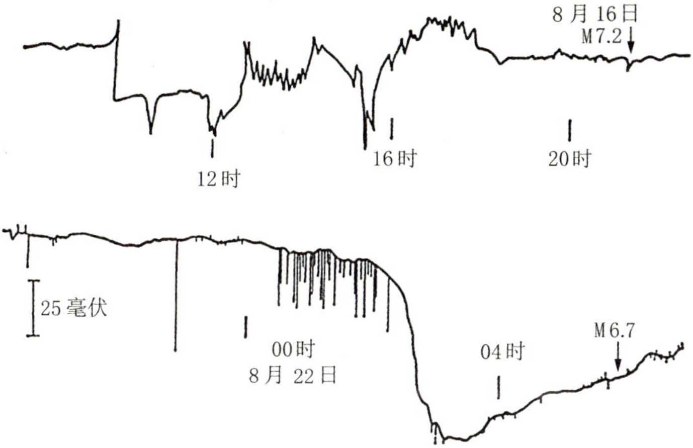

图 32 眉山的自然电位变化

个电极埋入地下，使外侧的 2 个电极保持通电状态，用内侧的 2 个电极进行检测。大地电阻的数值会随着应力场的变化而改变。通过多年的每日重复观测，可以较清晰地读取数据的异常变化。

地形变

从地形变的连续观测结果中，可以发现临震阶段地壳的急剧变动。在相隔 100 米的两点之间，可以测量出地壳有 10—100 微米的伸缩和垂直错动，但是必须在长期稳定的测量结果中发现异常。为此，有必要在地下深处长距离的隧道中设置稳定的测量仪器。以中国目前的科技水平，大量设置是不现实的。

作为替代方法，很多地方的人们尝试着通过在钻孔井内放置测量口径变化的简易传感器来检测钻井结构的变形。这

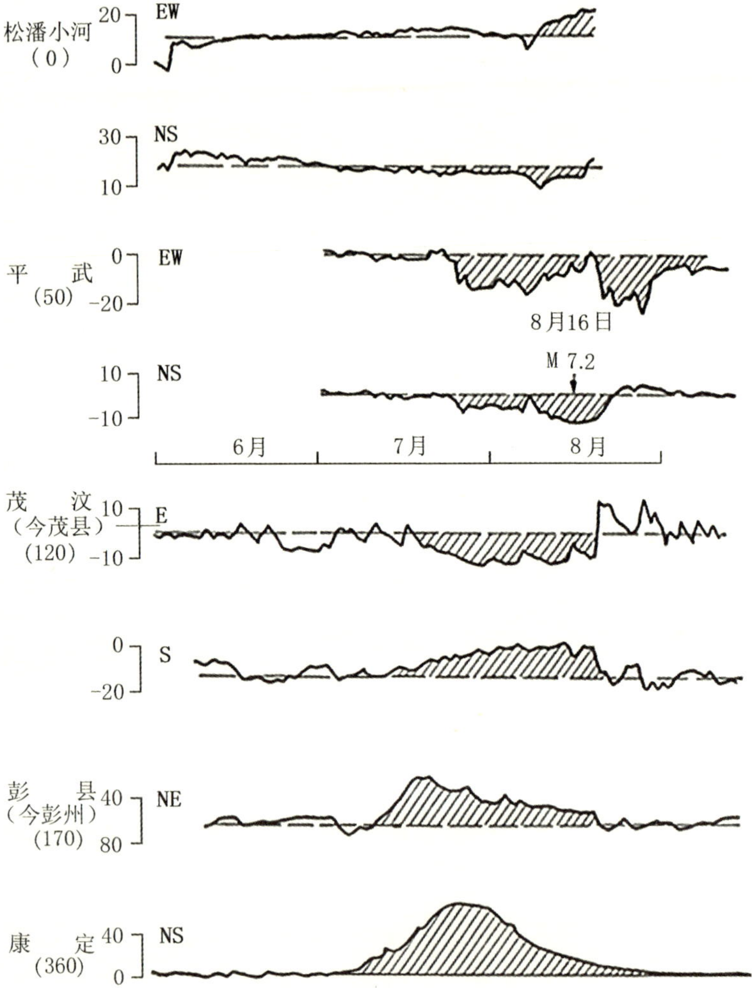

图33　自然电位的变化
（　）内为震中距（km）

种方法很有效，人们多次在大震前观测到了钻井口径的急剧变化。从地球物理学的角度来看，通过这种方法绘制的图表尽管多数难以反映出地形变的程度，但只要能捕捉到地形变的急剧变化，这种方法就是实用的。

前 震

众所周知，在大地震发生前往往伴随有前震的发生。虽然前震现象广为人知，但它却很难在大地震的预报中发挥实际作用。究其原因，一方面由于伴随前震发生的大地震本身就很少；另一方面，即使发生了前震，在当时也很难将其判定为大地震的前震。中小规模的地震比大地震发生的次数要多得多，其中绝大多数并非大地震的前震，也有很多小地震频繁发生的现象出现，但多数仅仅以群发性地震活动而终结。专家指出，前震震群与普通的群发地震的性质有几点不同。海城地震发生时，因在同一观测点记录的不同地震的波形几乎完全一致，因此将其判断为前震震群。如果是群发地震，在活动高峰之后，其波形往往会呈现出不同的变化特征。

前震震群的活动变化多种多样。既有小地震逐渐发展到有感地震，而后发生大地震的情况，也有小地震一度增加之后突然恢复平静，在一段时间的沉寂之后大地震突然发生的情况。海城地震就是后一类型中的典型震例。一次或数次零星地发生前震的也有很多，龙陵地震就属此类。还有完全未伴随前震发生的大地震，如唐山地震和松潘、平武地震。总之，为了能够及时发现作为大震临震现象的前震和前震震群，有必要掌握正常的地震活动特征，并观察各种自然现象的变

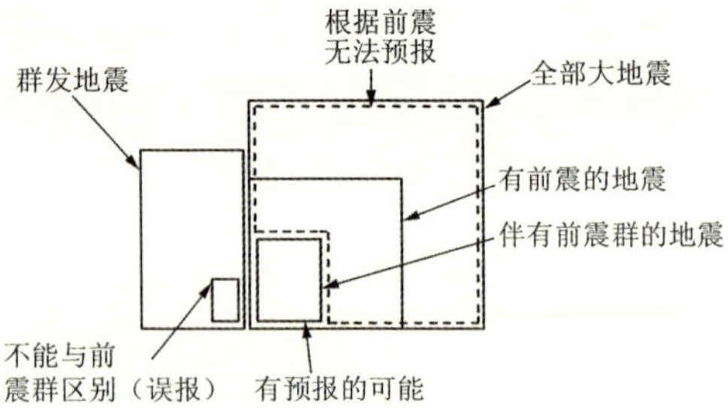

图 34　根据前震震群预报大地震的可能性分析

化情况。如果即将到来的是伴随前震的大地震，对前震的判断将成为成功预报大地震的关键。

前震的另一个重要特征是：地域的不同，即地下构造的不同会直接影响前震发生概率的高低。这一点可以根据过去历年的资料通过统计学方法来了解。

地下水

与地下水相关的临震现象多种多样，从肉眼可见的明显变化到通过仪器测量与精密化学分析所得的变化数据都可以发现。如地下水中氡的含量发生突然变化，或其他物质及气体的含量发生变化。地下水的水位变动以及自喷井的出水量变化都极易测量，因而可以大范围地设置多个观测点监测。

根据目前的经验，氡含量的变化对中短期预报很有效，而水位的变动对临震预报则意义重大。但作为资料记录，二者都值得我们重视。氡含量的脉冲式突跳多见于临震阶段。震前也常见泉水喷水量的变化和水池冒气的现象。无论是农村还是城市，水都是重要的生活基础资源。在中国，人们的生活多依赖于地下水。生活在平原农村地区的人们更是把水井视为避免过去因干旱而流离失所的生存保证。人们珍视水井和水源，任何异常的发生都逃不过他们的眼睛。

如果不通过仪器检测就能发现地下水的异常变化，那么群众就会将这些异常变化及时通报给地震预报专业人员。这种群众提供的异常信息被称为“宏观异常现象”，并被用于临震预报。

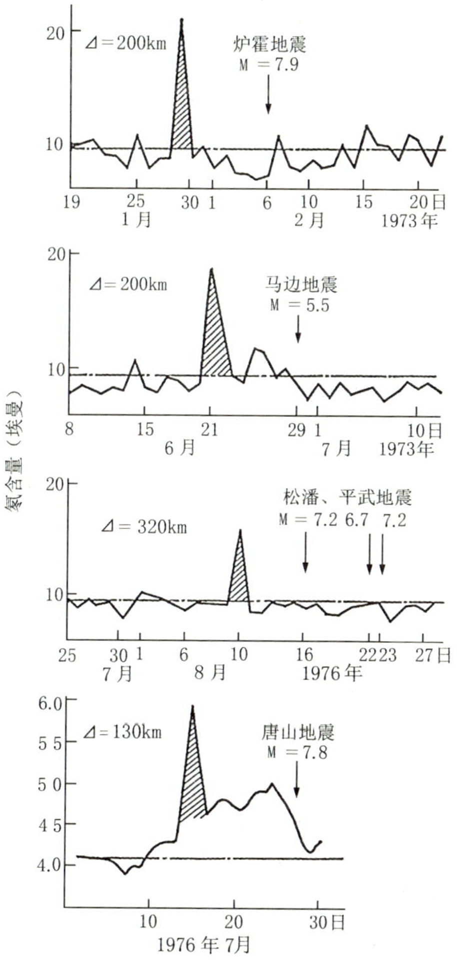

图 35 地下水中氡含量的突跳变化（⊿为震中距）

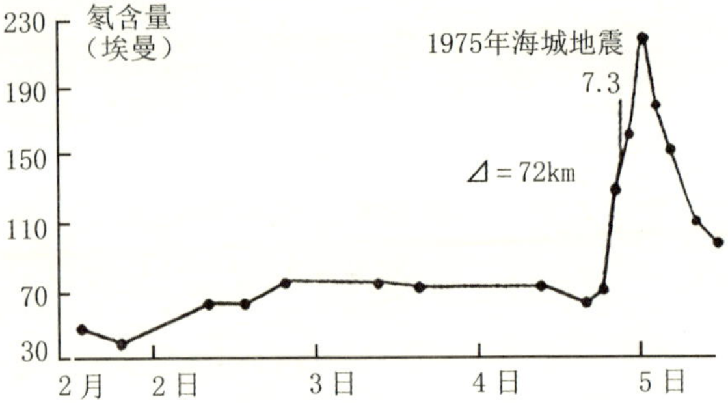

图36 辽阳温泉的氡含量变化

宏观异常现象

与地下水相关的宏观异常现象表现为：水位变化、水源干涸、水外溢或伴随响声喷涌而出等。另外，地下水变味、发浑、冒泡翻花等现象也很常见。如果被专家现场确认为是由于地震以外的原因所导致，那么这些现象就不能被用于地震预报。

与动物相关的异常现象也常被用于地震预报。农民具有敏锐的观察力，他们能从自己用心饲养的家禽和家畜身上发现很多异常现象。每次在临震阶段，专业人员都能收到很多关于动物异常现象的报告。家畜的异常表现有：马不入厩、鸭子异常兴奋到处乱飞或不食饵料等；老鼠反应迟缓、用手都能抓到、耷拉尾巴呆呆地停在电线上；鱼类则常见突然死亡浮上水面等情况。

除此之外，地下气体喷出的现象也很常见，如水塘冒泡，废弃的天然气坑里突然喷出气体、点火即燃变成火球直冲上天等。天空发光发亮、地下发出轰隆隆的地鸣声，也常发生在临震阶段。

四川省中部是中国天然气的主产区，据推算，在1974年中国600亿立方米的天然气总产量中，有80%以上产自四川。该省铺设了长距离的天然气输气管道，氮肥产量的70%是以天然气为原料生产的。四川省内盛产铁矿石，钢铁工厂也多以天然气作为生产能源。另外还盛产石油。根据此背景条件，在地震前多见喷出地面的气体和动物异常表现等是完全可以理解的。

宏观异常现象的观察报告中也存在很多错误。不能把动物的异常表现都同地震联系在一起，要将宏观异常现象有效应用于临震预报，就必须开动脑筋多分析思考，从中期或短期阶段开始，向广大群众传授地震前兆的相关基础知识，教导他们发现异常现象后迅速向相关部门汇报。对于某些特定地区，应将每天的报告件数制成表格，通过表格了解每天的报告件数以及短期阶段内的平均水平。如果报告件数在某个时段内集中性地大幅超过了平均水平，就可以确认为自然现象的异常。这是极具科学性和统计学意义的方法。

绝不能在群众和专家中宣传所谓的“地震预言家”，也不要炒作所谓的“用某种特殊的方法预报了地震”这样的消息。

池塘水冒气泡

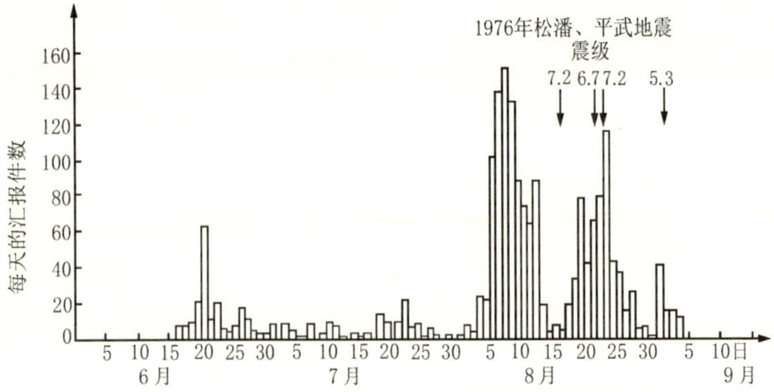

图 37 龙门山断层带的地下水与动物异常（汇报件数的变化）

地震预报只有在科学的领域中正确进行才能成为可持续性的防灾事业，成为群众都能够学习和应用的科学方法。但同时，也不能因科学家无法理解，就无视新的地震前兆现象的发生。

中国的地震预报事业中，群众的支持与合作一方面可以弥补专业人员与仪器设备的不足，另一方面也可以推进群众自身的科学知识普及与教育。在不偏离科学研究方法论的前提下，中国的地震预报事业具有进一步发展的巨大可能性。

警报与避难

临震预报通过设在现场的“抗震防灾指挥部”通知群众。警报不限制次数，会分阶段地多次发布。临震预报与警报紧密相连，伴有全民出动的集体行为，其目的在于呼吁群众紧急避难，以保护生命安全。临震预报内容会根据社会具体情况和外部环境而发生变化。对于收到临震预报的群众，应呼吁他们“临震不乱，沉着应战”，在临震前沉着应对即将到来的地震。

海城地震发生时，有人因缺乏防寒用具冻死在东北寒冷的深夜里。有些地区专门建造了结实的避难设施，并准备了充足的防寒用具使老人、病人和儿童得以提早避难。也有很多村庄的村民都做好了防寒准备，在室内等待通知。相较于气候温暖地区，海城地区的防震减灾工作面临着更多的困难。

山区的避难要预先考虑山体滑坡、泥石流、悬崖塌陷等情况下的对策。崩塌的山体堵住河流形成堰塞湖并决裂造成更多人员伤亡的先例也有很多。水坝的决堤也会引发重大灾害。

为了避免影响国家建设，工厂必须采取措施维持生产。避免钢铁厂熔炉的火苗漏出炉外；所有的工厂都设置了“安全岛”以维持生产；与危险物质相关的工厂也在做好安全保障的同时坚持生产。

交通部门维持正常的运行。铁路和公路交通都畅通无阻，火车司机提前得到了地震警报，通信部门在紧张状态中坚持工作，电话接线员也发挥着重要作用。

消防队和急救队被紧急动员起来坚守在各个要地紧急待命，各部门的抢修人员也时刻做好抢修准备，电力、通信和交通必须尽快修复。工人们坚守在工厂，老人和家庭主妇则负责社区的救灾，各个社区都准备好了具体详细的抗震救灾应急措施。

承担预报任务的人们紧张地等待起最后决定作用的前兆异常的出现。如果发生紧急情况，他们就以事先约定好的信号拉响汽笛。野外的人们特别关注夜晚的发光现象。人们设置观察哨，在发现异常的同时通知群众避难。汽笛、喇叭、铜锣、大鼓、猎枪、扩音器等都可以用来发布警报。

观察发光现象具有多种意义。震前发现异常发光现象的报告的确是有的，但多数报告说是在地震发生的同时出现的。因为是光，所以即使距离很远也可以在瞬间判断地光异常。当时中国的夜空里没有过多的灯光，夜空黑暗，微弱的光线也很容易被辨别。地震波以每秒6—8公里的速度传播，所以在离震源数十公里的地方，从发现地光到感受到地震波仍有数秒至10秒的时间。导致房屋破坏的不是最初到达的纵波，而是数秒乃至10秒之后到达的导致地面开始大震动的横波。从这个意义上来说，地震预报或许不能称之为真正的警报，也有在地震发生的同时拉响警报的事例。在准备充分的条件下，人们有足够的时间发出警报。

万一未能拉响警报或者在像云南省西部那样闭塞的深山区，人们听不到警报的情况下，群众自身具备的自主防灾能力将会发挥积极的作用，很多人就是通过自主判断而得以幸免。

在数百年间从未发生过地震的地区，很多人都不知地震为何物。有一位农民曾这样对我说："大地震发生的那一刻，我很快就意识到那是地震。由于及时采取了避难行动，我得以幸免。多亏了国家的地震预防宣传教育，真是太感谢了。"

在临震预报失败或未能在震前及时预报的情况下，中期以后的防灾措施显示出明显的效果，平时的教育和训练也发挥了关键作用。地震发生后，人们迅速展开救援行动，竭尽全力抢救每一位受灾民众。与从未进行过地震预测、预报和预防演习的1966年以前相比，现在的震后救援工作表现出极大的进步，这一实实在在的进步受到民众广泛认可。即使发出地震预报而未发生地震，广大群众更倾向于严格要求自己提高防灾协作能力，而不是埋怨地震专家的失职。

大地震发生后

一方受灾，八方支援

地震一结束，救援工作就随之展开。无论是哪一场地震，在震后的救灾记录中都充满了国家领导的殷切关怀、全中国人民的坚定支援和受灾群众勇敢的自救行动。

“一方受灾，八方支援”——这一口号意味着如果某处发生灾害，人们将从四面八方前来救援。行动目的在于保护人民群众的生命财产，坚持并推进国家的生产建设事业。

在受灾地区，写着“自力更生，奋发图强，发展生产，重建家园”的标语随处可见。这些标语号召灾区人民发扬自力更生的精神，以奋斗促生产，重建社会主义新家园。这也是1966年邢台地震之后，代表毛泽东主席慰问受灾群众的周恩来总理向受灾人民群众传达的指示。

1949年新中国成立之前，地震带给人民群众的灾难是极其惨重的。大多数地震遇难者并非直接死于地震，而是死于地震后的疾病、饥饿和寒冷，救援物资并未发放到民众手中而是被统治阶级中饱私囊。

1966年，河北省邢台遭遇地震后，毛泽东主席立即派遣人民解放军前往灾区实施救援。周恩来总理率领的中央慰问团也立即来到灾区慰问并作出了重要指示。医护人员和救灾物资用直升飞机以最快速度送往灾区，大量的救援物资也迅速地从全国各地源源不断运到受灾地区。

沙湾生产大队的王队长每每说起当时的情景总是滔滔不绝。要是发生在以前，村民会四散逃亡，妻离子散，甚至还有卖儿卖女的惨事发生。这个村庄共有 350 户 1670 名村民，70% 以上的房屋被地震破坏。由于对地震毫无预防，村民遭受了巨大的生命财产损失。震后，在全国各地的援助下，灾区建起了临时住宅，伤病者也得到了及时的治疗，全村百姓都深受鼓舞。震前，这个村还得申请国家的粮食援助，但现在生产得到发展，已经开始向国家纳粮了。农民住进了砖瓦砌成的抗震新房，全村上下焕然一新。各家各户也都用上了喝茶用的暖水瓶。对于重视饮茶的中国人而言，暖水瓶的普及对农村的发展具有怎样具体的意义，不了解从前社会艰苦生活的人们是难以想象的。

邢台地震成为推动地震预防事业迅速发展的契机。地震发生数月后，邢台地区就开始了地震预报的观测工作，并利用余震进行了预报尝试。到目前为止，河北省地震局所属的地震观测台站创造了多项重要研究成果，已成为地震预报的重要实验基地。

云南省历来地震多发。1970 年 1 月 5 日，里氏 7.7 级的大地震袭击了玉溪、通海和峨山地区。凌晨 1 点发生的此次地震在凌晨 2 点得到云南省革委会的确认，凌晨 4 点立即报告给周恩来总理。驻扎在当地的人民解放军迅速投入救援，北京也在地震当日派遣出医疗队，迅速开展震区重建和生产恢复工作。震后不到两个月，当地百姓就住进了临时住宅，农田和水利设施也得以修复重建，迅速完成了春耕播种。这一年的农业生产达到了历年的平均水平。

以这次地震为契机，该地区建立了地震台，同时设置了大量的群测点。建水第一中学位于云南省南部、距离中越边境线100公里的建水县。1970年通海地震发生时，建水县遭受了重大损失，这所学校的学生们立即参加灾区救援。亲身经历了地震的这些学生很多都投身于地震预报事业。他们从3月开始观测，配合专业人员设置观测仪器进行连续观测。1972年，他们挖掘了100米长的地下坑道，建设了低噪声观测室。现在有60名学生仍在坚持进行地震观测。

1973年8月16日，云南省南部的思茅地区发生了强烈地震。震前普洱县地震办公室曾发出过6.2级地震的临震预报。由于缺乏系统的地震预报经验，该地区遭受了巨大破坏。地震发生后，该地区很快成立了抗震救灾指挥部，在统一指挥下开展救灾行动。在临时木板房中安装简易床铺，铺设了电话线。

群众在“家园虽毁志不馁，大地虽动心不移”的口号下投身灾后重建。凤阳人民公社的土锅寨生产队在地震当晚就举行干部会议，翌日召开社员大会，决定实行“三不减”方针，即不减少公社社员一年的分配口粮，不减少生产队的储备粮，不减少上缴国家的公粮。

春节的饺子

1975年海城地震发生时，当地已根据预报做好了充分的防灾准备。交通、通信、运输、电力等部门在短时间内就得以恢复，修复工作在抗震救灾指挥部的统一指挥下进行。提前对重要的通信干线架设了预备线路，专业电信电话维修队待机而动，震后1小时就使通信恢复畅通。电力系统也是在震后5—6小时内恢复正常。提前加固了供水管道，安排维修队待命。救援医疗队也处于待命状态。提前备好粮食、防寒用具、照明灯具、帐篷和临时住宅等救灾物资，安排了专业运输车辆和司机。

为了解受灾情况吉普车发挥了重要作用。各部门安排了干部值班，受灾情况能够迅速报告给上级领导。中央也派遣吉普车到灾区调查受灾状况。地震发生1小时之后，党中央掌握了震中地区的受灾情况，命令人民解放军按照预定计划实施救援。

2月6日晨，受中共中央和毛泽东主席的委托，华国锋同志率领中央慰问团视察了海城县受灾地区，听取了汇报并下达救灾指示，灾区人民深受鼓舞。

2月11日，震后第七天正值这一年春节——中国传统的节日。华国锋同志特别指示：一定要让灾区群众都能在设有暖炕的临时住宅里吃上饺子过好春节。春节吃饺子是中国东北地区自古就有的传统。满载着面粉和猪肉的车队源源不断地驶向灾区。人民解放军的“包饺子突击队”分成各个小组走进千家万户。除夕傍晚，灾区上空依旧像往年一样响起了清脆的鞭炮声，民众们聚集在具备“防震、防寒、防火、防雨”四防功能的抗震棚中，开着电灯，边听收音机边包饺子。华国锋同志也亲自来到验军人民公社的小木屋里和社员一起包饺子。

无论是工厂还是农场，人们都在为恢复生产竭尽全力努力工作。为了实现震前的生产目标，人们埋头于灾区重建。由于大地震的破坏，田地里喷出大量的沙土，储水池也彻底干涸。人们把倒塌房屋的墙土用作田地的肥料，将喷出的沙土用作建筑材料，当年就实现了大丰收。

开滦煤矿

1976 年 7 月，以唐山市为中心发生了一场具有巨大破坏性的大地震。地震前没有发布临震预报。唐山始建于 1878 年，是一座具有百年历史的煤炭工业城市。地震发生前，该市共有 100 万人口。这里是一个煤炭、电力、水泥、宝石、化学和电子工业聚集的工业城市，也是连接南北铁路的交通枢纽。

在地震发生的瞬间，该市绝大部分住宅被摧毁，90% 以上的电力、供水、交通和通信设施被破坏。

在唐山市抗震救灾指挥部的指挥下，以优先救助人民群众生命和保护国家财产为目标的救灾活动迅速展开。通信兵通过军用无线通信设备在凌晨 4 点 03 分和北京取得了联系。

以营救人们生命为主的震后救援面临着巨大的困难。最艰巨的任务就是救出被困在开滦煤矿地下坑道的煤矿工人。煤矿本身就年久失修，坑道又深又长，还有很多以前的滥挖滥采痕迹。地震发生时，尚有约 1 万名夜班矿工在井下作业。因地震破坏，坑道内的电力和通风中断，并且持续透水。煤矿工会全力组织营救被埋在井下的矿工。

大量的人力投入到受困矿工的救援之中。他们不顾危险，拼死相救。救灾人员打开了通风口和预备坑道出口开始向内送风、排水作业。大部分受困矿工在地震发生当天就被救出返回到地面。为了使仍被困在矿井下的少数工人全部安全救出，救援人员一刻不停地继续着危险的抢救作业。8 月 11 日，最后 5 名生还者终于被成功救出，此时已是地震发生 14 天半之后。

在受困矿工被救出之后，开滦煤矿开始组织人员修理生产设备以尽早恢复生产。到 1977 年年底，开滦煤矿的煤炭产量已经恢复到 10272 吨。

抗震救灾

地震后，大量的水、粮食、衣物等救援物资空运至灾区，但数量难以满足灾区需求。尤其在炎热的盛夏，震区用水严重不足，政府组织卡车从邻县运来饮水，修复水井，终于在震后一周内解决了用水问题。

救灾人员从瓦砾堆中挖出商店的食品，采取大锅饭的方式解决了食品公平分配的问题。在不到 10 天的时间内，救援人员建起了临时住宅，在居民聚集的场所设置医护所。到 8 月上旬，灾区初期的问题基本得到了解决。

维持灾区社会秩序也极其重要。民兵奋力挖出埋入废墟的枪支，他们和解放军从废墟中挖出银行金库，基本回收了银行存款。大量的商店和仓库也很快被挖掘清理。9 月初，商业、银行、食品店和公交汽车都已经恢复运营。

入冬之前，必须搭建足够的简易临时住宅。辽宁省的军队利用其丰富的经验将防寒保暖住宅的搭建方法细心教给了唐山的群众，40 万户的临时住房入冬前很快就建起来了。

天津市的
临时住宅

14座城市抽调出200支医疗队、2万名医护人员、1000多名防疫人员，同时调运了5万件医疗器具和大量的药品，用飞机撒播了大量的防疫药品。这些措施使震区未发生重大疾病，整个8月份甚至连蚊子都没有出现。

各种工业生产的恢复也是亟须解决的重要问题，资金和原料不能依赖国家。在“瓦砾堆里有宝藏”这一口号的号召下，群众开始了清理工作。据不完全统计，共有300多万立方米的瓦砾堆被挖掘整理，清理回收了10亿块的砖瓦、40万立方米的石材、2万立方米的木材和23000吨以上的钢材。

1977年11月25日，在河北省第五届人民代表大会第一次会议上，河北省革委会主任刘子厚在报告中说：“现在，人民群众的经济和文化生活基本恢复正常。85%的厂矿企业的生产已经达到或超过震前水平。”

中央领导十分关心新唐山的建设。1978年1月，华国锋主席第三次视察了唐山市。工厂设备得到改造，道路扩建了，住宅新区和公寓的建设也在有条不紊地进行。

一般情况下，震后的救灾活动以抗震救灾指挥部为中心组织进行，但承担着地震预报任务的抗震防灾指挥部并未因地震发生而结束其使命，地震预报工作仍旧在紧张进行之中。

大地震后的预报

震后的预报工作主要有两个目的：一是预报余震的发生；二是调查震区邻近地区发生诱发地震的可能性。大地震中遭受破坏的建筑物会因较小的余震导致新的破坏或倒塌。因而必须为救灾中的群众提供及时的余震预报。而且，很多时候震后还会再次发生与主震相差无几的大地震。

龙陵地震震后不足 2 个小时就发生了同等规模的地震；唐山地震发生 15 个小时后再次发生了 7.1 级地震；松潘、平武地震 6 天后发生了 6.7 级地震，7 天后再次发生 7.2 级地震；盐源、宁蒗地震 36 天后又发生了 6.4 级地震。

余震活动持续时间很长。判定余震何时结束并及时告知群众是地震预报者的职责。海城地震发生 4 个月之后，辽宁省沈阳市才最终宣布余震结束，号召人们安心恢复生产。唐山地震后，北京市内人行道和空地上到处搭建的防震棚直到 1978 年 3 月才最终被拆除。

坚持震区近邻地区的地震预报工作也非常重要。在 1976 年 5 月和 8 月先后发生两次地震之后，云南和四川两省的地震局继续加强监测，当年 11 月，对发生在以上两次地震之间的盐源、宁蒗地震进行了成功预报就是最好的实例证明。例如，因龙陵地震而设置在下关市的抗震防灾指挥部在震后依旧保留，后来成为 11 月发生的盐源、宁蒗地震的抗震防灾指挥部。

辽宁省目前没有发生大地震的风险，但在不久的将来仍然有地震活跃的可能。无论在省地震局还是在群测点，到处开展着热心的地震观测活动和热烈的讨论。地震局工作人员向国内外来访的专家学者详细介绍经验。对于远道而来的取经者，省地震局的朱凤鸣副局长热情洋溢的介绍使他们受益匪浅。从朱凤鸣副局长眼中可以看到对于使地震预报获得成功的“专群结合、土洋结合”这一实施成果的自信与骄傲。

我们参观学习中国地震预报的路线是沈阳—唐山—天津—北京—邢台—西安—成都—昆明。无论在哪个省或哪个省地震局，地震预报工作者都深知互相交流宝贵经验与知识的重要性。每次大地震后，专家最重要的工作就是对数量庞大的监测数据整理分析，卓有成效地将其运用于下一次的工作以及公布统计结果。与地震预报相关的具体资料被专家总结成论文接连发表在《地球物理学报》等学术期刊上，这些论文被美国的地震学者陆续翻译出版。

地震预报的问题要点

我们再来认真研究一遍前面论述的各种经验，可以看出其中存在着不少问题。幸运的是，对连续发生的大地震，大多数都阶段性地发布了地震预报，取得了良好的预防成效。唐山地震的临震预报尽管失败了，造成严重损失，但留下了珍贵的记录资料。在未来的地震预报中如何有效运用这些资料是地震工作者的职责。

地震预报作为一门科学尚处于初级阶段。它需要观测地震前的种种现象，并积累大量的资料数据。这与植物学的初级阶段需要采集各种标本相似，下一个阶段就是要进行分类了。地震预报是为了找出地震前兆现象中存在的某些规律，使它的本来面目浮现出来。这项工作进展到一定程度，新的发现以及探寻现象根源的研究都将会变得简单易行。同时，在规律的基础上逐步实现广泛应用，这种应用的尝试将成为地震预报工学的萌芽。

中国的地震预报研究与其应用即地震预报实践一同进行并发展。在“实践认识、再实践再认识”中，基础研究和应用齐头并进。然而，目前从人才角度来看，似乎更偏重于应用方面。从事基础研究的科研人员都非常优秀勤奋，他们隶属于北京或其他城市的国立研究所，不过人数较少。

各省的地震局都配有优秀的科学家。但是他们都忙于当前的预报工作，一旦成为领导，整日被会议包围，无法安心继续进行研究。

地方地震局的骨干研究者们拥有丰富的地震预报实践经验，一进入讨论，便表现出魄力十足。然而，他们的经验多数局限于较为狭小地区的特定领域。在现场的骨干研究者中，也有人展开讨论，试图尝试将少数震例的预报经验推而广之。他们自信满满的发言中，有时候使地震预报所存在的科学问题被搁置一旁。在发言的最后，他们常用“这是初步的成果”作为结束语。闻此，来华学习实践经验的日本科学家一边说着“这不合情理吧”，一边不得不整理如何提问。

关于大多数地震前兆现象的问题，目前世界地震学的现状是，从“怎样显现的”这个方面，即现象论方面逐渐弄出了一点眉目，但是在“为什么显现”即物理学机制方面尚未被充分理解。对此，我们都准备了不少问题随时提问，以期得到一些启发。梳理这些问题，目前地震预报研究的问题所在或许能凸显出来吧。

一、“判定地震前兆现象的根据是什么？”

毋庸置疑，判定的根据是以资料数据作为基础，问题在于对这些资料数据的看法。在一个地方对各种具体自然现象进行观测的数据即使被画成图表，很多时候也不能仅凭图表就作出判断。长期读取数据的研究人员能够判断发现异常变化，其他人员则未必能行。而且，就算是被判断为异常，也不一定与地震发生相关联。

在自然现象大多被隐藏、文明非常发达的日本，我们有一个毛病：当数据资料显示异常的情况下，我们往往先从人为因素寻找其原因。而中国的地震预报专家则首先将资料的异常变化与地震结合来考虑。这种差别大概跟社会结构的不同息息相关吧。

我认为，地震后汇总各地数据资料，将它们列入一张图表里，即使发现有令人信服的前兆现象，但在地震发生之前，多数情况下不可能凭着某一处的观测数据就得出以上结论。可是在中国，地震前不是集中处理原始记录，仅依靠专家汇总各观测台站的情况、判断和意见。并且，一个观测站送上来的意见里，包含了观测者凭借经验就地震发生的时间、地点、震级下的结论。如果众多台站的意见内容集中统一，这便成为了省地震局进行地震预报的依据。

二、“前兆现象显现的地点分布是以什么形式、在多少距离范围内出现？”

迄今为止，中国收集的大地震前兆现象资料数据，比日本等国家考虑的范围要大得多。中方解释道，在距震中400—500公里处都有前兆现象的记录。从发生的地震规模来考虑，该区当然已不属于震源区。更为极端的例子，甚至还有距震中1000公里之外的地下水变化的报告。中国专家也说他们难以理解为何在如此遥远的地方出现前兆现象。相对于远离的震源区，似乎确实存在着具有某种预测功能的类似“穴位”的地方。与此相反，也有观测点距震中很近却根本没有发现前兆现象。

前兆现象经常出现的地点以大型活断层、构造带的沿线居多。地震预报用的观测点也大多设置在这样的地方。

三、“相同前兆的震例也会在其他地震时出现吗？是否具

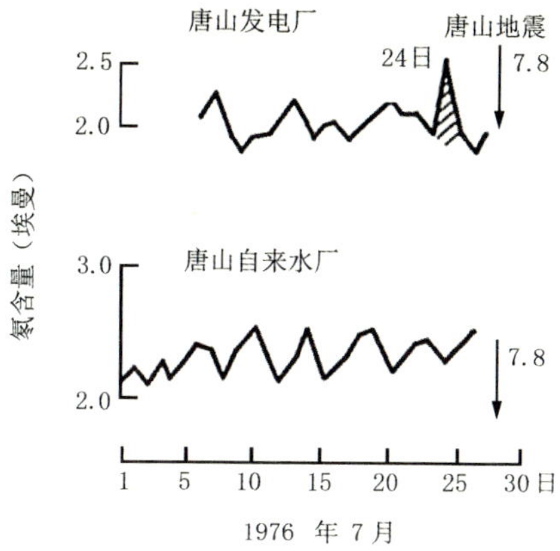

图 38　唐山极震区的氡含量变化

有普遍性？”

像临震前的前震现象，可以明确断定不具有普遍性。没有发现任何观测到的现象在地震前必定以固定的模式出现。目前的结论是，在对多种手段的自然现象的连续观测中，缓慢的变化之后紧接着出现了某种剧烈变化，由此可以分清短期临震阶段。

四、“地震本身的物理性质与震前前兆现象的出现方式之间是否有关系？”

从地震波的观测能清楚判断地震的发震机制。地震可以说是地下深处的岩层突然发生破裂，在很短时间内完成的一种现象。其破裂面的方向与前兆现象的分布之间尚未发现明确的关联性。只是破裂面的方向受该地域中应力场特性和应力方向支配，同时与地处活断层的走向紧密相关。因此，如果标记在地图上，可以看出地震发生机制与前兆现象的分布似乎有着密切的关系。

五、“发震地区特性不同，前兆现象出现的方式是否也不一样？”

在日本沿海沟地带发生巨大地震的地方，要获取震源附近的数据是相当困难的。由于中国的经验仅限于大陆地震，因此，相同的前兆现象未必同样出现在海沟巨大地震之前。据我们所见到的中国数据，大家认为各地地震的不同与其说是地震本身的差异，不如说可能是当地条件下数据资料获取方法上的差异所造成的。

六、“各种前兆现象相互间是否有关联？”

各种各样的前兆现象中，一般多是同一时期发生异常变化。这种特征在某阶段成为总结地震预报的意见，得出结论的主要根据。经过周密调查分析，有关异常变化的强度和方向等研究成果，已被写入数篇论文并公开发表，但因为数量不多，尚难作出系统性的概括说明。尤其在留下来的宝贵数据资料中，图表的纵轴只不过是用读取的计量表盘上的刻度来表示，多数情况下原本物理现象的变化强度就变得不甚清晰明了，地电流和地形变都只读到毫伏单位。这将成为发展基础研究、开展定量分析的障碍之一。

七、“如何解释前兆现象的模式？”

临近大地震，地下会发生什么变化？其变化过程即地震发生准备过程的情景必须用物理学说进行说明。中国的论文中，将地震发生前的准备阶段用“地震孕育过程”这一术语来表示，如字面那样，表现了地震在地下缓慢孕育的状况，表达了从知道可能发生地震的最初时期起，到临震阶段的前兆现象骤然出现，最终必然可以预报地震发生的这一基本思路。因此，怀着坚强的信念在坚守观测，何时地震发生就不应该搞不清楚了。

对于一个个自然现象中的前兆变化的性质与地下的孕育

过程之间的关系，已经有很多室内实验和理论研究。现在，开展这些研究已成为中国最重要的课题。

八、“前兆现象的出现方式与震后不久的变动有何关系？”

大地震袭来瞬间或之后，地壳应力场产生剧烈变化，随即应该可以观测到种种跳跃性突变。中国的地震预报资料数据中，一般有连续的实际观测数据，但震后变化的资料数据记录却很少。我们看了部分资料数据的记录，感觉发震时的突变过小，当然这只是单纯的一种感觉，并未做过充分的调查研究。

在一定烈度以上的地区，地震对观测仪器施加了巨大的加速度，严重时使仪器毁坏。即便如此，像重力、地形变测量、地下水水质、地磁等测量绝对值的项目，还是可以判断震前与震后的数值差。伸缩计、倾斜仪等观测相对变动的仪器，大多数会因为剧烈的振动而出现故障，震后不久发生数据中断也是无可奈何的事。在距离震中较远的地方或中等地震发生时，有时候仪器可以连续观测到震后。分析这些数据，发现大多都是在地震前后的瞬间变化很大，震后又逐渐恢复到原来的水平。最近在日本也有若干这样的观测事例，发现前兆变动剧烈，地震时的变动反而较小。对于这样的问题，必须加强设置安装观测仪器，研究资料数据的取得方法。

九、“地震预报的成功与失败的概率有多大？”

发布地震预报后地震发生了或地震未发生，未公布预报却发生了地震等，情况复杂多样，很难简单地对预报准确与否给予评价。比如，对采取了避难措施地震却未发生等情形加以限定，还是有可能计算出预报准确率的吧。遗憾的是，没有足够的资料来准确验证这样的数字。我们与中国的专家反复进行过讨论和质疑答辩，也没有得到这样的数字。他们或许懂得仅凭成绩单的分数是无法得到根本性评价的。问题三中关于是否具有普遍性的疑问，我们最终无法获得数字上的答案。

对于大地震，通过世界上地震仪的记录数据可以马上计算出在哪里、发生了多大震级的地震，所以前述的5次大地震，明显是1975年、1976年两年间发生的全部大地震。我们把在中国各地听到的内容综合对照分析以后，发现地震预报的准确率很高。

发出地震预报却未发生地震，即所谓的误报时，预报是在何时、以何种理由解除的，当地居民的反应又如何等问题，我们今后有必要进一步加强学习中国的经验。

十、“怎样预测地震的时间、地点、震级？”

这无疑是地震预报当中的核心课题。正如实例中介绍的那样，地震发生的时间和地点是通过前兆现象的分布、以何种变化模式出现等来预报的。因而，广泛密集地设立观测台站，并在所有观测台站中配备热心于地震预报的工作人员，这是绝对有用的，成效十分显著。

除了通过前兆现象的出现范围等方式断定地震震级的大小，其他问题尚未清楚解明。空区的面积、前兆出现时间的长短、前震的大小等，所有这些都只不过是粗略推断的依据。在地震预报的那些实例当中，常常是大地震的震级被估计得相对小了，预防措施做得安全充分，因而获得了较好的结果。

在此叙述的都是与地震预报直接相关的事情。为什么中国广袤的大陆地区会大震频发呢？在地球物理学理论上与日本列岛有什么联系？这样饶有兴趣的问题有很多很多。发展相关的基础研究，最终将会提高地震预报的精准度。在中国大陆比日本列岛要古老得多的岩层中，形成巨大的应力场并构成大规模的活动断裂带，从而导致地震发生。这一领域的研究日本还没有，同时，海沟大地震和能看到的岛弧结构的地方在中国很少有。日中两国的科学家应该多交流信息和研究成果，进一步开展共同研究，发展地震科学，提高地震预报的技术水平。

三

地震事业

在中国，与地震预报和震灾预防相关的工作统称为“地震预报、预防工作”，从事这项工作的人被称为“地震工作者”。要了解中国地震事业的发展与现状的全貌是很困难的，在此尝试整理一下其总体情况。

地震的历史

最早的地震仪

中国地震的历史悠久，有世界上关于地震的最早记载，中国发明了世界上最古老的地震仪。

出生于现在河南的张衡（78—139 年）是东汉时期优秀的科学家，他于 132 年创制了世界上最早的观测地震的仪器——候风地动仪。地动仪外形如酒樽，用青铜铸成，酒樽内立着一铜柱。地震时，地面水平方向震动致使铜柱倒下，倒下处碰到的杠杆受到挤压，于是龙口张开，含在嘴里的铜丸落到下面的蛤蟆嘴里。龙和蛤蟆分别位于八个方向，最初震动的方向即为地震的方位。

这台地动仪放置于当时的首都洛阳。公元 138 年 3 月 1 日，它记录下了相距洛阳 1000 公里之外的甘肃省陇西地震。京城的其他学者因为没有感觉到这次地震而不予相信，几天后当听到送信使者来报告确实在陇西镇发生了地震，大家才大为叹服。早在 1800 多年前就留下了懂得水平震动的原理而发明地震仪的历史记录，这实在令人惊叹。

张衡肖像与地动仪的复原模型

地震史

关于地震的最早记载，是夏王朝的帝王“发”于公元前1831年登山东泰山时发生的地震。另有历史记载的是公元前1809年帝王“桀”继位的第10年，河南西部发生过一次地震。这些都记载于中国最早的编年史《竹书纪年》中，只是有人认为这是后人所作不太可信。比较值得信赖的是商帝乙三年陕西省岐山地震、周文王八年的“地动”之记载。这些地震都发生于3000多年前。

中国早在殷代（公元前1401年）开始就在中央政府设置史官来记录国之大事。历代帝王都相信地震是上天对政治的警告，所以关于地震的记载便常出现在史官的记录之中而保留下来。

1953年，伴随着新中国第一个5年计划的开始，以工厂、矿山建设为契机，中国对地震资料进行了重新评估与研究。地震学家和历史学家大力合作，通过调查2300余部正史、野史、诗文集和5600余部地方志，收集到大约15000个关于地震的历史记载。经过整理，将9000余次地震按照发生年代和地点予以列表，对其中的大约1000次破坏性地震作了进一步详细调查。

在历史资料的调查中，发现中国8级以上大地震有17次。由于历史记载的地域性，实际发生的次数应该更多。中国历史上最大地震据说是1668年7月25日发生在山东省的郯城地震。这次地震记载在410个县的地方志上，是一次极具破坏性的大地震，甚至颠覆了长江上的船舶。

罹难者最多的是1556年的华县大地震，前文已有记述。最近有研究对此次地震在10省200多个县、市的记载都作了详尽的分析。这需要广大震灾区域范围内死亡率的分布、地裂的分布、烈度分布等资料。从调查方法和内容来看，死亡

图39 华县大地震死难记录分布

人数 83 万的数字还是相当精确的。烈度分布的等震线为非对称形，等震线向外凸出的部分都是大河流的沿线地区，说明与构造存在着紧密关系。

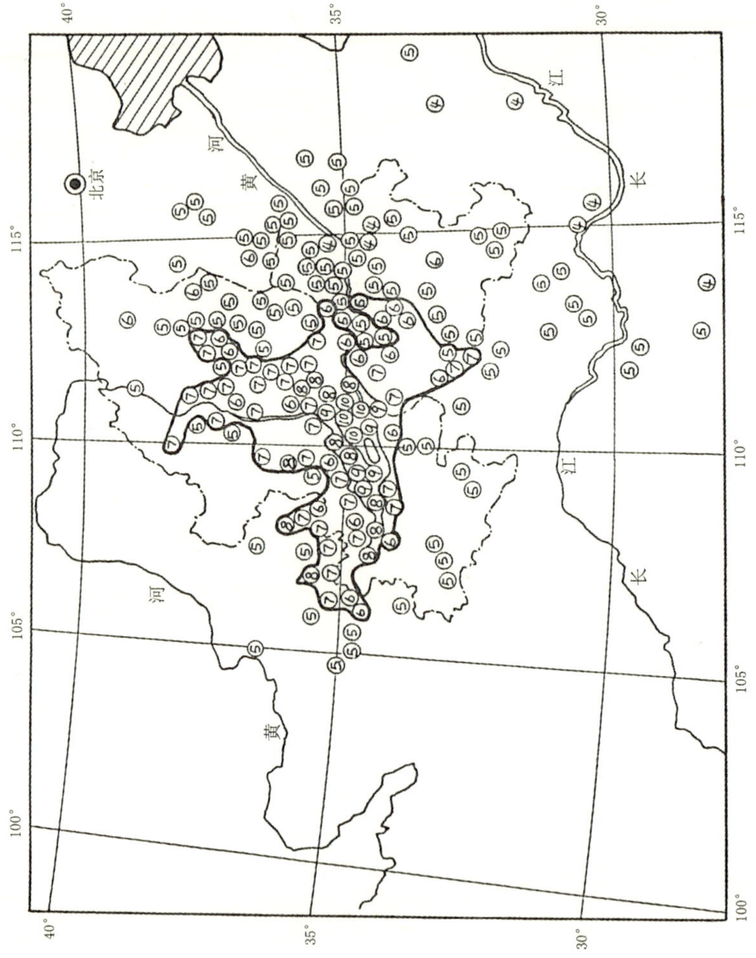

图 40　华县大地震烈度分布

现代地震学的迅速发展，最初始于与经济建设的实际关联。就 20 世纪中国地震学的历史而言，前半个世纪几乎没有什么值得记载的，而进入后半世纪，取得了难以计数的成果。现代地震科学研究始于20世纪20年代甘肃省发生大地震之时，30 年代设立了地震观测所。但是，直到新中国成立前，观测所仅有 2 处，从事地震研究的人员只有寥寥数人。

新丰江水库地震

20 世纪 50 年代中国整理了庞大的历史资料。其后的 20 世纪 60 年代在广东省河源的新丰江水库下发生了地震。广东省西部地区在历史上没有发生过较大的地震，但是自 1959 年 10 月新建的水库开始蓄水约一个月后，那里的地下开始发生小地震并逐渐增多。自此对地震活动的观测便急速展开，专家们集中于此开展工作，对水库进行了加固强化的补救措施。1962 年 3 月 9 日，终于发生了 6.1 级地震。地震学家对地震的震源分布和发震机制进行了详细的调查研究，同时地质学家也对活断层实施调查。这一系列的研究成果，在中国近代地震学的历史上具有划时代意义。

邢台地震

1966 年的邢台地震成为了“以预防为主”地震事业全面展开的契机。1966 年 3 月 8 日早晨，邢台发生了 6.8 级地震，使这一地区严重受灾。3 月 22 日，又发生了 7.2 级地震，在更广范围内造成了巨大灾害。知识分子们与群众联手成立了

“地震工作队”，同年6月开始架设地震台，7月开始了部分观测。根据周恩来总理的指示，地震预报、预防工作被定位于国家事业，河北省邢台地区成为其具体实施的样板试验区。邢台地震余震长时间地持续活动，截至1974年共记录了19000次地震。

为了预报较大的余震，实施了多种手段进行观测。将前兆现象归纳整理，运用其结果尝试着用于实际的地震预报。工作人员持各自负责的观测资料数据，每周一次定期进行讨论。有时会出现各种不同意见，但一旦较多意见开始集中到一个方向时，就要进行更加详尽的研究探讨，根据整理出来的发生时间和震级提出预报意见。到海城地震的前一年的1974年，已向行政部门上报了几次有关较大余震的预报意见。

在邢台地震前已经形成了一个短时间内能够快速发展的观测基础。邢台的两次大地震的间隔为2周，我们可以知道两次大地震的前后地壳变动是如何发生的。也就是说，大范围的精密观测在地震发生后的2周内得以实施，可以将其测量结果与发震机制进行比较。这样的调查，不仅仅是测量技术与人数的问题，若没有对地震现象的理解与研究的热情是无法完成的。由此一例可以看到当时中国的研究水平已经非常之高了。

中国的测量事业是配合工农业的建设计划，在国土改造，如农田水利基本建设等方面投入了主要力量，在全国已经确立了统一的国土测量网。三角测量、精密水准测量、天文测量、重力测量等技术已达到先进水平，航空摄像也被广泛利用。据说新中国成立后出版发行的地图有700种、5亿几千万份。作为多民族国家，统一地名的工作也正在推进之中。

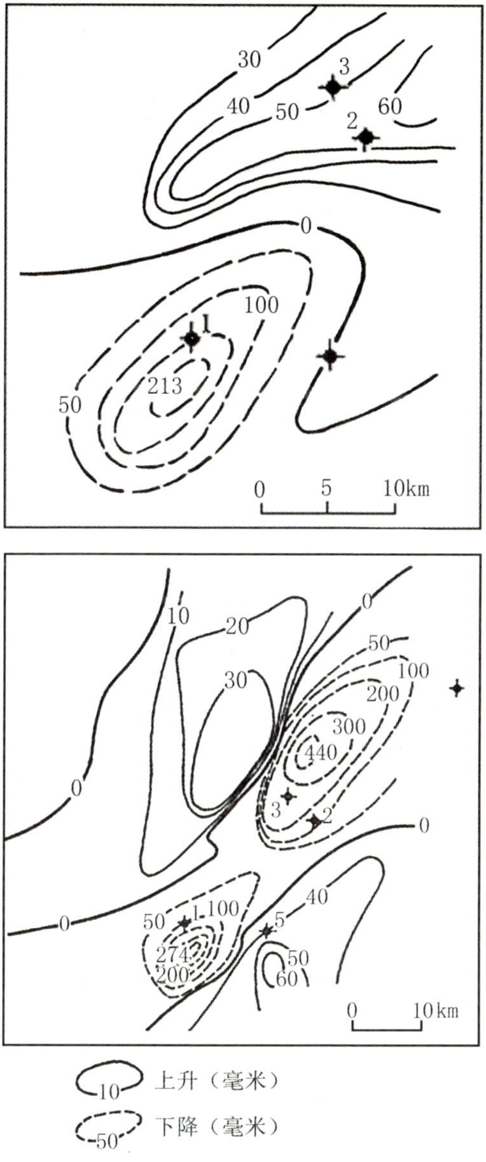

图 41　邢台地震前后的垂直变动。上图为 3 月 8 日地震前后，下图包括了 3 月 22 日地震的形变结果

测量事业的中心是国家测量总局，下设有研究所。各省、自治区、直辖市都有专门的测量部门，并拥有几家生产精密测量仪器的工厂。全国有十多万专职人员从事测量事业，此外根据专群结合的方针，还组织了由6万多农民组成的测量队。现在，关于地震的测量是与上述组织相独立的，由地震局直属的测量队专门负责。

邢台地震的前一年即1965年，中国的机械考察团访问了日本，其中也有地震学者参加。现在已经成为中国地震学会核心人物的顾功叙先生，曾在我们研究室非常热心仔细地参观了微小地震观测用的高敏度地震仪，当时的情景我依然记忆犹新。

1974年7月，浅田敏教授、志知龙一和我3人访问邢台市红山观测所时，中国的专家们首次向外国地震学者公开了地震预报研究的进展情况。他们根据实践经验积累起来的研究成果，令我们十分震惊。但是，关于次年发生的海城地震的中期预报工作没有任何具体说明。当时正在开展“批林批孔”运动，相关内容的广播回荡于邢台的各个城镇与乡村。

结束了红山地震台的参观，我们回到相距60公里的邢台市招待所，洗澡并用过晚餐。当听说就在6月6日发生的中等规模地震前，地震台的人员运用综合资料成功完成了预报，而且就在同一天，负责地磁的工作人员对我们午休时发生的小地震已经发出了预报意见，我们很是振奋。晚上9点前，红山地震台的工作人员来到招待所，继续白天的讨论。关于日本地震学界的状况他们提出了许多问题。不难看出他们经常阅读外国文献。午夜过后，他们一边挤上已经满员的吉普车一边不停地道别“再见再见”，返回尚需一个半小时路程的红山地震台。同时还说在明天之前必须要完成预报工作。

在邢台的3天里我学到了非常多的东西。专为我们3人开进火车站台的汽车，紧张地向我们敬烟的车站女服务员，因连续几月久旱不雨而在眼前开过的洒水车，崭新的通往地震台的柏油马路，一边说着“外国人，日本人”、一边好奇地向车窗里张望的中国农民的面孔，下榻的饭店房间里直径50厘米的大盘子上交替盛放着的黄瓤和红瓤西瓜，堆积如山的当地名产花生，请我们喝茶的农民的屋子，红烧肉和大堆的饺子，在市剧场观看的演出，演奏民乐器的农民的手，轮椅可以通过的坡度平缓的车站天桥……所有的情景至今依然历历在目。

4年后的1978年，中国向海外派出大量的留学生，相信具有强烈求知欲望的他们一定会支撑起未来地震预报事业的发展。

1978年的今天，中国的地震工作者，即专门从事地震相关工作的职员在全国据说大约有1万人。1971年随着国家地震局的成立，他们的工作在一元化的领导体制下得以进行。在经历了一定程度的地震预报实践之后的今天，他们正在向以充实基础研究、取得实质性进展为目标的下一个阶段而努力前进。

国家地震局

成 立

1971 年，为了推进地震预报预防的国家事业的一元化领导体制，在国务院内增设了国家地震局，这是与中央气象局、国家测量局、国家海洋局等并列的中央政府直属局之一。工作内容是高度强调科学性研究要素。国家地震局在成立之后便一直被委托受科学院管理。在此之前，关于地震的研究和震灾预防工作分散于国务院的几个部门。地震局是在周恩来总理的指导下，以统一管理这些部门为第一目的而设立的。1966 年以来，地震预报预防的工作已在全国各地开展起来。

1970 年年初，在周恩来总理的直接领导下，召开了首届全国地震工作大会，确定了作为国家重大事业发展的方针。很快，全国的各省、自治区、直辖市设立了推进地震事业的管理机构，多数是在当地的革委会中设立地震办公室并配置了专属人员负责。这些机构后来均升格为地震局。为发展这一事业，县以下的革委会中也设置了地震办公室，它们都是与地震相关的行政机构。

为了收集地震预报的研究资料以及为了预报而观测前兆

国家地震局李建平局长（右）与静冈县知事山本敬三郎

现象，在各省、自治区、直辖市都设置了地震大队和地震队，构建了作为固定观测点的地震台站，以及被称为流动台的移动观测队，并组织了测量队。为获得群众配合进行了群众教育工作。其中有些地区将省革委会所属的地震办公室和地震大队整合后成立了省地震局。

国家地震局不只是单纯的行政机关。那里拥有原先的研究部门和世界上一流水平的研究学者。长时间担任研究部门领导的丁国瑜先生是20世纪60年代初期访问日本时做过新构造运动演讲的地质学家。新构造运动也是现在能够深刻理解活断层与地震活动紧密联系的契机所在。

组 织

现在国家地震局有直属员工2000人，其中五分之二是行政人员，五分之三是研究者和技术人员。在位于北京三里河的科学院总局约120人，1978年4月从科学院分出来的地球物理研究所有 400 人，地震仪器厂大约 300 人。有关地震预报预防部门的组织关系如图 42 所示。1978 年 10 月国家地震局的组织机构如图 43 所示。

继刘英勇、李建平之后，邹瑜于 1978 年中期就任国家地震局局长。卫一清副局长在我们 1977 年 4 月访华时曾专门到机场迎接。同为副局长的安启元先生在 1978 年 4—5 月我们访华期间一直陪同着走完从北国沈阳到南国建水的全程，随后的 7—8 月间，他作为中国地震访日代表团的团长，从东京到札幌进行了强行军式的参观考察。经验丰富的邹其嘉也作为工作人员同行，他是与外国研究学者进行交流、参加国际

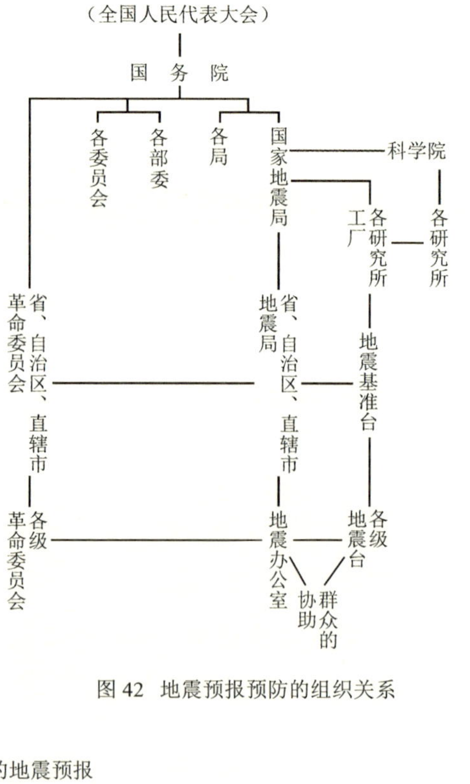

图 42 地震预报预防的组织关系

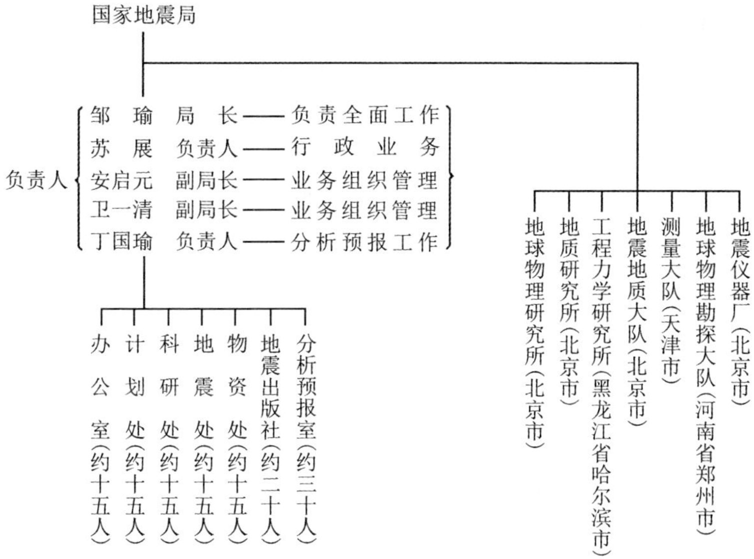

图 43　国家地震局的组织机构

会议、参与中国国内的国际研讨会的策划等众多具体工作的执行者。

地震仪器厂位于北京市北郊，生产用于地震和前兆现象观测用的各种仪器。其大致分为 4 个部门：零件制造、组装、研发以及生产准备总务部门。地震仪和倾斜仪的生产产量最大，产品由国家地震局有计划地分配到各地。根据需要这个工厂的职工有时会出差到观测现场，指导仪器设置及其维修保养工作。

职　能

大约每年举办一次全国地震工作大会，召集全国的地震工作者出席。会议上汇总长期预报的意见，讨论地震事业的推进方向，确定了整体方针后，每季度召集各方面的专家推进具体计划的实施。

由国家地震局直接发出的地震预报主要是长期预报，最多是中期预报，短期、临震预报都由地方的专业部门判断发布。各地方在发出上述预报前会与国家地震局进行充分的研究讨论、交换意见。地震形势紧迫时，国家地震局的工作人员会赶往现场驻守在抗震防灾指挥部。

长期预报和中期预报等由国家地震局传达给国务院各部委。国家直属的大型工厂、重点企业、运输及其他重要设施等都需要进行长期的有计划的抗震防灾准备。

为了快速传达地震预报的相关信息，国家地震局出版了《地震战线》，刊登收录了大量最新的研究成果和新闻情报。

一元化领导确实对推动地震事业的高速发展发挥了极大的作用。预算、仪器的分配、人员配置、交流计划等全部在全国范围内予以决定。因此，国家地震局实际上拥有相当大的权限。国家地震局的干部们为完成这些重要的任务都以极大的热忱在努力地学习着。在中国作为一个合格的干部，必

地震仪器厂

须具有革命的信念、扎实的知识与能力、为大众所信赖的品格。每当看到他们努力工作的情景总是令我备受鼓舞。

1977 年 12 月，国家地震局召开了“全国地震战线学大庆工作会议”。所谓“学大庆”是以为了完成石油资源的开发与生产,突破重重困难最终取得重大胜利的大庆油田为目标，发展工业与科学技术的口号。以李先念副主席为首的多位领导人出席了这次会议，并与全国的地震工作者共同决定了今后地震事业的发展方向。大会表彰了 12 个有功的专业团队，除在前面所介绍的以外，还包括兰州地震大队地震测量队基线测量组、武汉地震大队激光测距仪研制组、宁夏回族自治区石嘴山矿务局地震观测站等全国各地、各领域的团队。

1978 年的全国科学大会之后，国家地震局的重要工作课题之一是推进与国外的交流。诸如研究者的交换、共同研究、专题讨论会的召开、向国际性学会派遣专家等。

地球物理研究所

沿 革

中科院地球物理研究所成立于1949年中华人民共和国成立后不久。1978年，科学院将地球物理研究所的大部分移交给了国家地震局成为其直属所。现在正在筹办由科学院直接领导的另一个新的地球物理研究所。在这个新的研究所将进一步推进从基础研究层面的地震学研究。

地球物理研究所在成立之初由四个部门构成：分为气象、物理探矿、地震以及地磁研究部门。随着国家科学技术的发展、阶段性改革的推进，气象研究部门独立成为大气物理研究所，物理探矿部门独立并移交到产业部门管理，现在已经发展成为有重大贡献的大规模地下资源开发组织。地震和地磁部门现在在地震预报研究方面连续取得了重大科研成果。

新中国成立前，从事地震和地磁专业研究的人员还不到10人，在全国的观测站只有2处，其中一处还是由法国人运营的。现在成为拥有400名科研工作人员的大型研究所，使地震预报的基础研究得到了很大发展，成为不仅对中国人民，同时对世界人类而言也是功勋卓著的研究机构。

位于科学院旁边的地球物理研究所的建筑大楼，移交给国家地震局后已变得狭窄，现在研究所搬迁到了北京市北郊的清华东路，新址毗邻北京大学。观测仪器设备搬迁作业耗费了大量的时间，所以工作人员极其忙碌。原先的建筑大楼计划由国家科学技术委员会搬入。科学院的新地球物理研究所尚在筹建，具体内容尚在研究之中，在此无法详细介绍。

研究所的工作

国家地震局地球物理研究所的工作包括以下许多重要的领域。

北京及其周边地区的地震活动研究。这是一项承担首都防震抗灾重任的实用性研究。架设安装在北京、天津、唐山、张家口地区的 21 个观测台的有线遥测地震仪向研究所实时传输地震仪输出的数据。1974 年，遥测地震观测站由原有的 8 处大幅增加，这样可以随时监测记录资料，发出地震速报。除了地震仪之外，地磁等地震预报所必需的观测资料也被同时进行多重传输。现代化的记录设备、监视系统投入运行。北京周边地磁“流动台”即移动观测站约有 100 处，这些观测点从事着频繁移动观测的工作。

调查研究北京及其周边地区地震活动性也是一项重要课题。开展有关地震发生规律以及确定预报方法的研究，有关地震活动、地震波速变化、地震波频谱分析、震源机制以及正常地微动和地球脉动的研究也在紧锣密鼓地进行着。

研究所还负责全国地震活动性的研究、各地震区域的地震活动特征等大范围的科研问题。全国共有 17 个地震和地磁

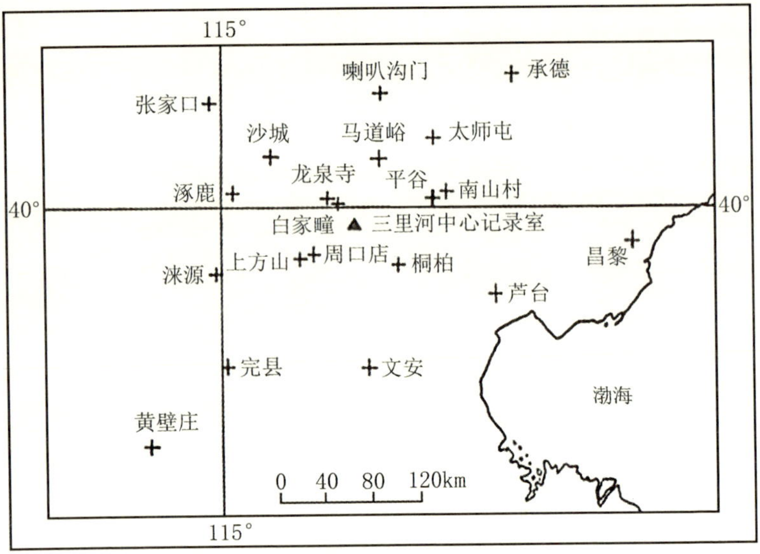

图 44 北京周边的遥测地震台网

的标准观测台，它们向地球物理研究所传输各种观测数据。研究所必须从这些地震资料数据中分析判定地震震源位置、震级，时刻监视全国的地震活动情况。另外国外发生大地震时，也必须从记录资料中迅速推定地震的发生地点和强度。此外，还要运用历史资料调查地震活动变化特性，整理出版新的资料数据。

有关震源物理学研究。从观测、实验、理论等各方面进行详细的研究得出地震发生的过程。

地壳与上地幔结构的研究。通过人工地震和自然地震的地震波传播方式调查地下结构。

有效运用地磁、重力等资料数据。通过实验检验岩石物性。

地磁变化与地震关系的研究。多数情况下，用质子磁力仪连续测量地磁场的绝对值，通过观测、实验、理论分析来阐明地球电磁场的特性。

观测仪器的研究开发也是重要的工作之一。从机械学到电子工程学，要掌握一连串的技术。在这方面，日本只要预算充足就可向厂家订购设备，而中国不具备这样的社会条件，因而相当多的部门都需要靠“自力更生”来解决必要的技术工程系统。

北京地震基准台位于京郊的白家疃，受地球物理研究所的直接管理。基准台承担三分量长周期、中周期、短周期地震仪、地磁场测定用的各种仪器的维护保养、地下水的分析、周边群众的教育指导等多项工作。

北京大学等地震专业的学生们毕业前一般都要到地球物理研究所实习，他们是发展地震预报事业的生力军，是下一代的接班人。研究所也担负着对他们的指导任务。

另外，地震学文献的收集、整理、翻译、出版工作也发挥着巨大作用。研究所的图书室大概有 3 万册藏书文献，外国的专业杂志种类齐全，甚至有我所在的研究所找不到的论文。遗憾的是，这里缺少能够简单复印的设备，使习惯于现代文明的我们略觉不便。不过也有很多令我们羡慕的地方。例如，若研究人员发现日本寄来的论文中有重要的内容，就会立刻让日语翻译将其译成汉语散发。担任我们访华翻译的魏淳先生，能通读日语文献，对日本地震学会了如指掌，当讨论中出现几位同姓的日本地震学者时，我们只要说出某学者的姓氏，他就会说出几个名字，确认是哪个人之后再给大家翻译。中国有好几个专门负责地震预报的日语翻译，他们为深化学术交流作出了贡献。相比之下，有时我不得不暗暗批评自己过于依赖翻译，完全是汉语的门外汉。

定期发行学术杂志《地球物理学报》的编辑与出版也是一个很重要的工作。该杂志为季刊，一年发行4期，内容新颖，在地震预报方面可以说是世界上内容最充实的。我殷切期待下一期的出版。当然它也可以在日本购买，我每隔3个月就能收到寄自北京的这份杂志。

工作人员

我们每次访问研究所时，顾功叙先生总是笑脸相迎。顾先生是地球物理研究所的副所长，也是全国人大代表，相当于日本的国会议员，同时兼任中国地球物理学会会长。他是发展中国地震预报研究的核心领导人，谈话时总是充满朝气和热情。他曾几度作为中国地震代表团的团长出国访问。1975年访日时，他总是走在最前列，兴致勃勃地参观。面对饭店的自助早餐，他笑着说："在美国是3美元。"时不时也会冒出一句日语"そうですか（是吗）"随声附和，那份轻松爽朗给每一个与他相遇的人留下了深刻的印象。

张进是管理研究所的总负责人，1940年前后曾求学于日本的大学。他举止沉着，是第一个教我品尝茅台酒的人。1978年9月他再次来到了阔别38年的日本。高个子的地震学者许绍燮，借同事的话说是一个"永不满足的人"。访日期间无论是在新干线上，还是在羽田机场的候机大厅，直到最后都在连续不停地提问。同是地震学者的朱传镇也是一位相当热情的科学家。瞧见商店里的商品，他吃惊地瞪大眼睛："东京的物价真高啊。"朱先生的夫人擅长英语，在地球物理研究所和我们进行会谈讨论时，她为大家准备幻灯片，为我们办理前往参观郊外地震观测台站的手续，与另一位工作人员小余一起给予了我们多方关照。

与前面介绍的魏淳先生一同担任日语翻译的还有曾凡启先生，两人翻译时都声音洪亮，不辞辛劳。我们能够学到中国的多项成果，与这些努力热心员工的帮助是分不开的。

顾功叙先生（右）和科学院的翻译柳先生

其他地震预报研究机构

中国科学院

中国科学院是新中国成立后设立的中国科技研究发展的中心，其下拥有150多个国立研究所。1958年以后，担任院长的郭沫若先生是一位熟知日本人的学者，只可惜1978年6月与世长辞。科学院的各个领域都遵循着现代技术与中国自古以来的传统智慧相结合即所谓“土洋结合”的方针，以及领导干部、科研技术人员、工人“三结合”的方针。这成为推动中国科技进步的巨大动力。

地下资源的探查、地面沉降防治等，有很多科研领域与地震相关。到1978年年初为止，直属中科院的地球物理研究所曾是地震预报研究的中心。现在该研究所大部分已经移交给国家地震局。以下谈到的地质研究所、工程力学研究所在1978年也归属国家地震局。

另外，还有许多直接或间接与地震预报有关系的研究部门。作为日益飞速发展的中国科学技术研究的中心，在“与天斗，与地斗，与人斗”方针的指引下，中科院必将大力发展地震预报的研究。

中国科学院

中国科学技术协会是科学研究活动中心的民间机构。这个协会下设多个“学会”，地球物理学会内包含有地震学。各学会与中科院的各研究所紧密相关，是全国大学、研究机构的专家们互相交流成果的地方。作为与国外进行民间交流的窗口协会开展了各项工作。

地质研究所

北京市北部有个叫祁家豁子的地方是地质研究所的所在地，那里有古色古香的红砖建筑。新中国成立当初，仅有几十个人从事着简单的工作，从 1956 年起，以矿物学、岩石学、第四纪地质学、地球化学、工程地质学、同位素地质学等为中心迅速发展起来。1965 年，地球化学独立出来，成立了地球化学研究所，这个新研究所建于贵州省省会贵阳市。

1966年邢台地震后，地球化学研究所也开始着力推动地震预报的研究，现在与地球物理研究所一样，其中一部分移交给了国家地震局地质研究所。

这些地质研究所开展的研究课题中，被称作地震地质学的是从事与地震预报紧密相关的研究工作。主要进行地质构造、活断层、新构造运动与地震发生之间的关系、地壳结构、地热流量、高温高压下的物性等地球深部结构研究；地震发生机制和应力场的研究也属于重要课题。在野外实地测量地壳应力，调查与地震发生之间的关系，可以说是地震预报的基础工作。已在很多地方实施了应力释放法的地应力测定，华北、东北地区的相关研究正在进行之中。地应力随时间变化的测量结果，记录下了海城地震和唐山地震等数月前的前兆性变化。

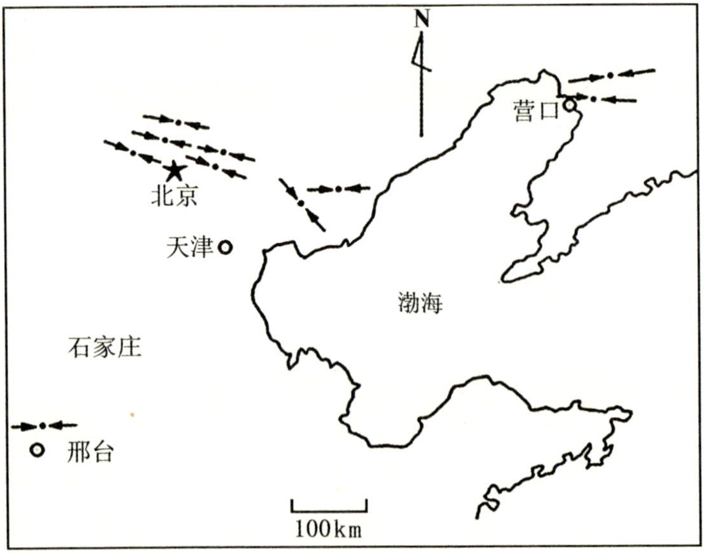

图45 地应力测量得到的主压应力方向

这种地质学范畴的力学问题是继承李四光的“地质力学”的传统发展起来的。与中科院不同，国家地质总局下属地质科学研究院的地质力学研究所，也是将重点放在发扬李四光传统的力学研究上。这个研究所拥有8个部门200多名职工，在工程地质学（地质工学）、应用地震地质学、岩石力学等领域开展广泛的研究。他们大量进行地应力测量，对应力场中的地壳运动、流动问题，交织着理论、实验结果进行研究。这些研究在发现大型油田、地下资源探查方面取得了令人瞩目的成果。在地震预报，特别在长期、中期预报方面，地质力学无疑也发挥出了显著成效。

地质学的成果丰硕，如四百万分之一的大地图、地质科学研究院主编的《中华人民共和国地质图》、《中华人民共和国构造体系图》、国家地震局广州地震大队主编的《中国大地构造图》，仅从这些就能了解其内涵。地球物理研究所编辑出版了四百万分之一的《中国强震震中分布图》。地震地质学是支撑地震预报成功的重要基础研究之一。

地质研究所还出版发行学术杂志《地质科学》季刊。编辑人员中也有跟地球物理学研究所一样精通日语的人。孙永华、郑玉芳均为20岁出头，对中国未来充满信心的美丽女性。她们将成为日益频繁的中日地震交流的桥梁。

生物物理研究所

位于北京郊区的生物物理研究所与地质研究所相仿，也是红砖建筑，大约拥有600名职工。1966年的邢台地震后，研究所随之成立了地震预报研究小组。动物的异常行为很多时候是由于地震之外的原因造成的。动物的异常现象与地震预报是否有联系，最初他们带着各种疑问开始了研究工作。目前这里已有 100 名左右的工作人员从事与地震预报相关的研究。

根据大量的数据分析和实验，地震与动物行为之间的关系已经得到了某种程度的阐明。大地震发生前动物行为的特征大致分为两类：一类是兴奋性的反应，显露出惊讶不安的样子；另一类是压制性反应，精神恍惚、动作变得极为迟钝。兴奋性反应的比较多。地震前相对较长的时期内能够观察到动物的异常现象，但一到临震阶段，这种现象绝对大量出现。例如，海城地震发生的前一天有 904 起、前 1—2 天之间有 379 起、前 2—3 天之间有 28 起动物异常现象的观察报告。这份报告的数字只有鱼类来自野生，其余的都是从家畜计算而来。观察报告中约 60% 是地方地震办公室工作人员直接确认的。如果将 9 次大地震综合来看的话，可发现大地震发生前约 10 小时左右起，动物的异常表现骤然增多。

动物异常分布多呈带状，并与活断层构造带一致，由于集中于强震区，对预报地震发生的时间和地点非常有效。但是，必须要得到专家的确认，经过慎重处理，才能将这些异常有效地用于地震预报之中。1976 年 1—2 月，山西省发现大量的蛇出洞爬出地面，引起群众骚动，认为这是地震前兆。可是经过调查，这是由于气温上升所致。海城地震时，出现了蛇从厚土中爬出一半最终冻死的现象。山西省的那些蛇爬出之后依然活着。

生物物理研究所从事地震预报研究的科研人员的工作目标是解说动物在自然现象中接收到怎样的信号才会产生行为异常，然后将其置换为仪器观测。试制的超声波方面传感器已经记录了震前的现象。作为研究对象的动物有淡水鱼、鸽子、虎皮鹦鹉、青蛙、老鼠等。借助鸽子的小体震动及中枢神经的研究正在稳步开展。

工程力学研究所

工程力学研究所位于中国东北黑龙江省的哈尔滨，开展与地震相关的抗震建筑工学研究。一旦发生大地震，立即在震区实施详尽的震灾情况调查。研究所的刘恢先和尹之潜先生给我们详细介绍了唐山地震和海城地震的震情调查结果。

唐山地震造成的大量伤亡中很多是由于建筑物的坍塌所致。这一地区大型工厂众多，且工厂建筑老旧，当初修建时几乎没考虑抗震性能；新建的多层钢筋水泥土建筑尽管损坏较轻，由于绝大多数是砖墙建造，即便有钢筋混凝土柱支撑，墙是砖墙，强度不够。工厂周围用砖围的墙，地震后几乎都夷为平地。

在地基方面，砂土层的液化现象严重。据悉，唐山地震导致的液化现象范围涉及 2.4 万平方公里的地域，其中有液化深度超过 20 米的地方。有报告记录说，过去挖井作业时，挖至地下 27 米处时钻机钻头发生脱落。唐山地震致使钻头的钻尖随砂土一同喷出地面。

中国的北京等地最近开始建设高层建筑。耸立在北京市中心的北京饭店新馆，1974 年我访问中国时还在建设之中，当时已经成为人们关注的焦点，很多人在饭店前拍照纪念。唐山地震时饭店的旧馆遭到严重损坏，新馆却未受到丝毫影响。

作为建筑的抗震标准，国家颁布了由国家建设委员会建筑科学研究院和四川省建筑工程局建筑科学研究所主编的《工业与民用建筑抗震设计规范》。另外，设定震源模式来预测烈度分布的理论计算方法也非常盛行。为了推测以前的大地震时各地区预想的最大烈度，他们作了详尽的调查研究。

地震地质大队

国家地震局地震地质大队活跃在广阔中国大陆如同网格状分布的各个活断层断裂带上。经过精确调查地质构造，他们得出华北地块中的大、中、小规模的活断层呈现出规律性的排列特征。所谓地质调查，并非走走看看岩性分布，而是对应力场中地壳块体是如何运动的这一大陆动力学课题进行调查。以活断层为对象的地形变的观测和研究是一个重大课题。

以北京地区的断层为例来具体介绍一下地震地质学的观点与成果。首先来看北京—唐山地区的活断层分布状况。东西向的活动构造和北东—南西向延伸的活断层带显示出这一地域整体受到巨大的力的控制。从这些以活断层为边界的地壳块体错动的方向、活断层的排列方式，能够推断出这一地带的水平面上受到近东西方向压缩力的控制。这样的应力场的存在已经从上述实地测量地应力分布的结果中得到了证明。

为了探明这种地壳块体运动机制，地震地质大队跨越活断层埋设测量用的标石，重复连续进行短水准测量和基线长度测量。这种测量基地在北京、唐山地区共有 20 多个。标石间距为 24 米，在垂直断层方向布设数点，倾斜、平行方向也各布设几个测点，反复测量的频度是一至几日一次，根据地震预报、地震活动的情况，测量频度会加大。

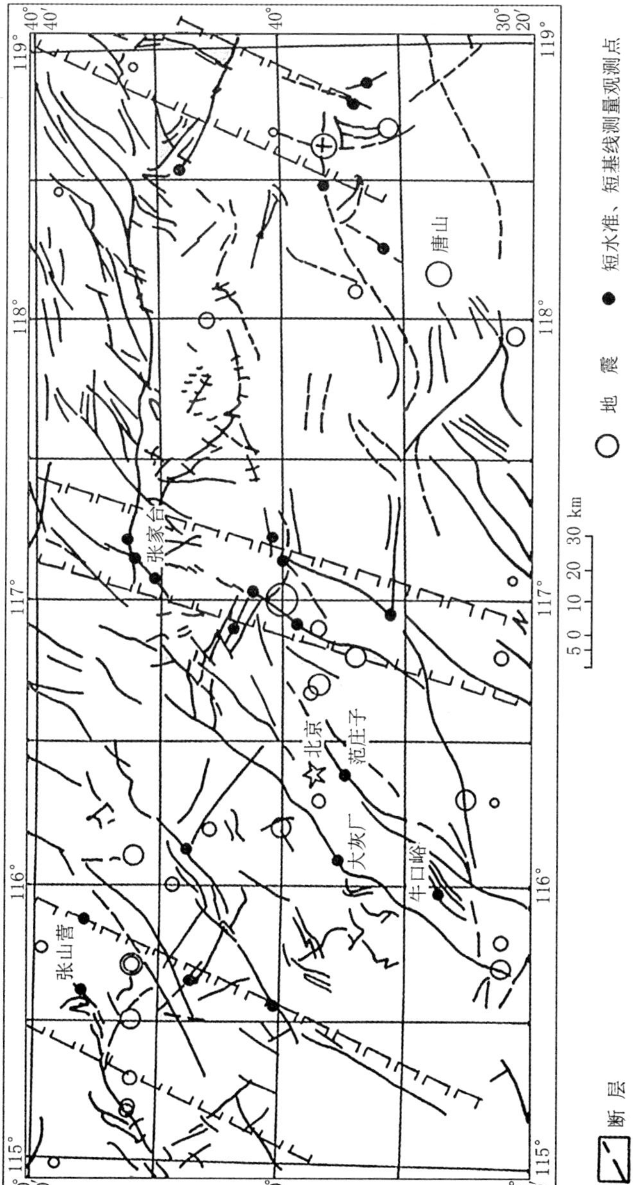

图 46　北京—唐山地区活断层及断层活动的连续观测点

这些大地测量场地的布设始于 1967 年左右。在挖掘至活断层出露或能看得见断层的地方，将标石埋入两侧的基岩上，也有些地方是将测点设置在第四纪沉积层上。图 48 用圆圈标出这些测点。大灰厂和牛口峪的资料数据在唐山地震的预报这一章节中介绍过，其他许多测点的资料数据同样显示出活断层两侧的块体有相对运动。

范庄子的短水准测量结果充分显示出跨活断层等距离埋设的 9 个标石的变化。两端的标石垂直相对运动的记录显示，唐山大地震发生前 17 个月内，东南侧的断层上盘上升了 4.7

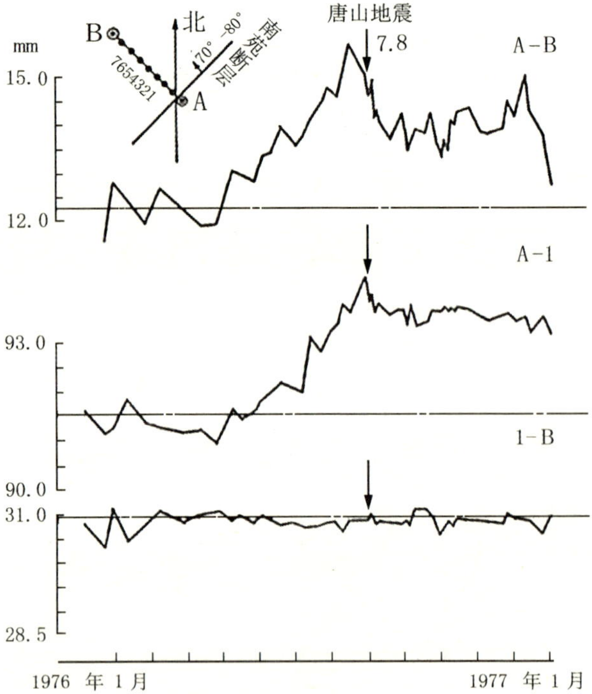

图 47 范庄子短水准的垂直位移数据

毫米。地震前 4 个月的急剧上升以及临震前的恢复倾向都与大灰厂的测量结果一致。

将跨断层的一组标石间的垂直运动与位于下盘非跨断层标石间的垂直运动进行比较，就可以一目了然地看出，这种前兆变化是以断层面为分界的地壳块体运动。大灰厂的短基线观测网的水平测距变化与之相同。也就是说，只有跨断层的标石之间显示发生了显著的位移。

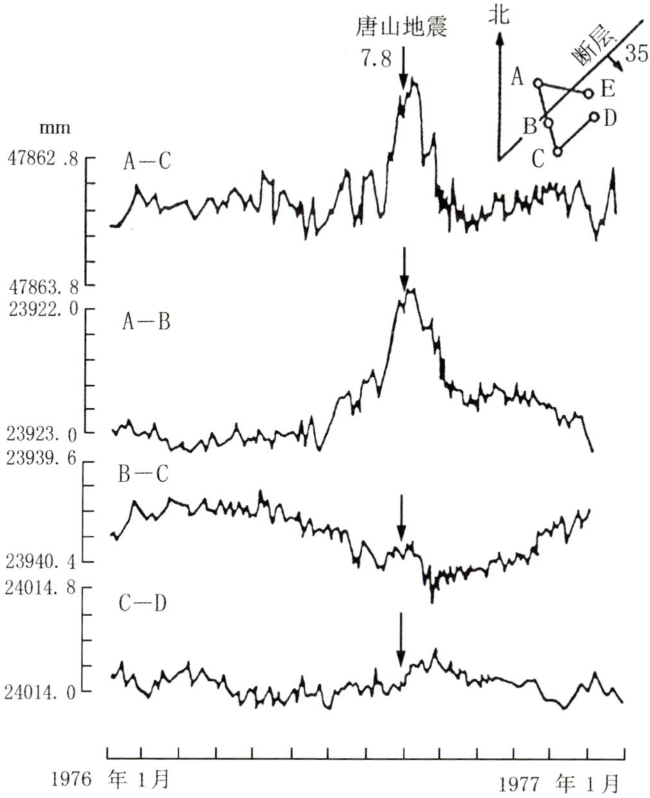

图 48 大灰厂短基线的水平位移

大量的高质量观测结果证明，详细调查活断层，精密连续地观测记录其变化，对大地震的预报起着极大作用。同时其结果证明了地球物理学上非常重要的特征，即在地壳应力场控制下的活断层带，发生着小地壳块体的相对运动。

地震预报的观测网与机构

地震基准台

全国有17个地震和地磁基准台（观测所）。在基准台记录的地震资料数据，上报到地球物理研究所，发布地震快报。地震仪和地震震源的资料数据每年收录于《中国地震台网观测报告》并出版发行。

位于白家疃的北京地震基准台直属于地球物理研究所，设立于1954年。周锦屏等24名技术人员和10名职工在此工作。宽阔的院内有几幢楼房，拥有地下观测室。地震仪均为三分量的标准DD1型短周期地震仪、中周期与长周期地震仪和强震仪。短周期地震仪的信号通过遥测系统传送到地球物

昆明地震基准台

理研究所。以质子磁力仪为中心，对地磁场进行磁场总强度、垂直强度、水平强度、磁偏角等各种测量。基准台院内有一口用于开采地下水的水井，附近有4口井。自1975年开始，使用上海生产的分析设备每天测定氡含量，使用铅板电极观测地电流。

规模较大的云南省昆明基准台拥有32名工作人员，进行7个项目的观测。观测项目有地震、地电流、地磁、重力、地倾斜、水质、地应力。地震仪的观测报告每日通过电报发至北京。设置安装仪器的地下坑道一直挖到了石灰岩的基岩，进深50米，顶部覆盖30米厚，坑道内温度年变化在1摄氏度左右。

为了捕捉不远的将来岩体应力场的变化引起的微小破坏，按照计划将开始使用超音波观测。另外，还将建立遥测传输网络，在昆明基准台设置中心观测记录室，以便集中监视云南省整个地区的地震活动及前兆。

为海城地震作出贡献的沈阳地震基准台始建于1970年。1971年，在发布长期预报的同时投入观测。在20米深的片麻岩坑道内安装了一套地震仪器。基准台有20名工作人员，他们的工作任务繁重，除了每日的观测与汇报，还要分析研究数据资料，判断震情，对下属的观测台站的仪器进行检测与维护，对周边群众开展地震教育，每天可谓忙碌不堪。

地震台与地震站

地震基准台下设各地方地震台站。规模大的配有10余名工作人员。地震台站里除了标准地震仪，还根据各台站条件

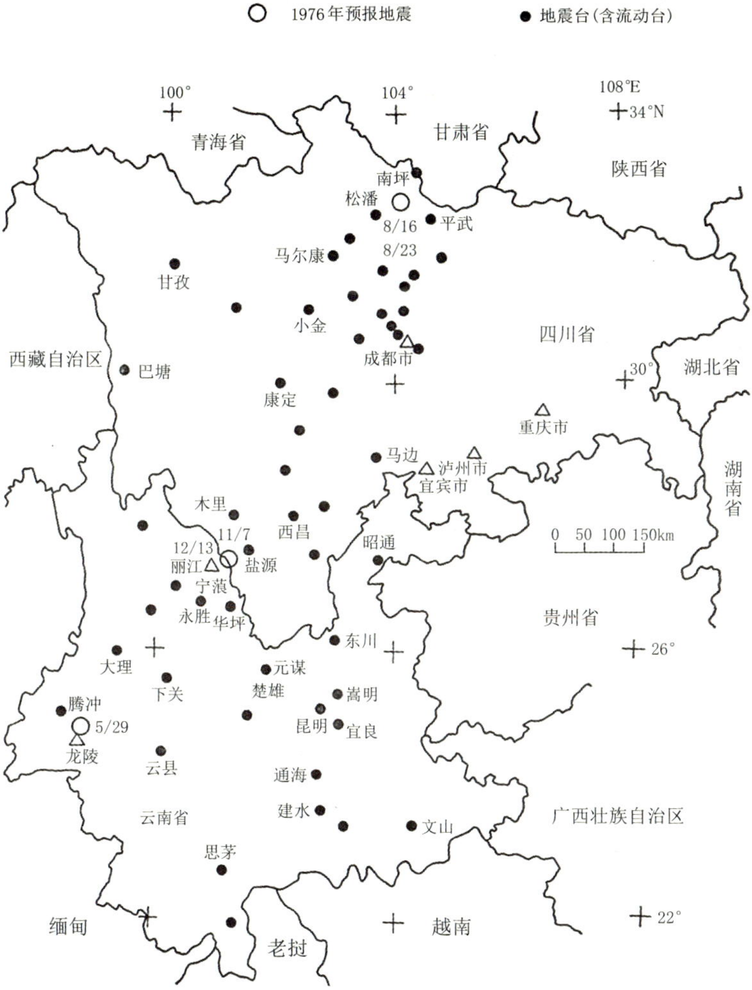

图49 四川、云南地震台站分布

安装架设了强震仪、倾斜仪、地磁地电观测仪、水质分析与地应力变化等多种观测仪器。

云南省通海地震台、辽宁省石硼峪地震台都是非常出色的综合性观测台，设施完备，几乎拥有所有必需的观测仪器。从地图（见图49）上可以看出，最早投入主力、大地震频发且成功预报了大地震的云南省和四川省的地震监测观测网基本都密集地布设在地震带上。这些地震台站至少配备有标准地震仪进行观测，并有专业人员工作。

地震台下面还设有规模稍小的地震站。例如云南省有23个地震台和地震站，配有200名员工。

群测群防处

群众的观测点就更多了。这些观测点依靠群众智慧，采取多种多样的观测方法。有称为群测点的，也有无仪器设备

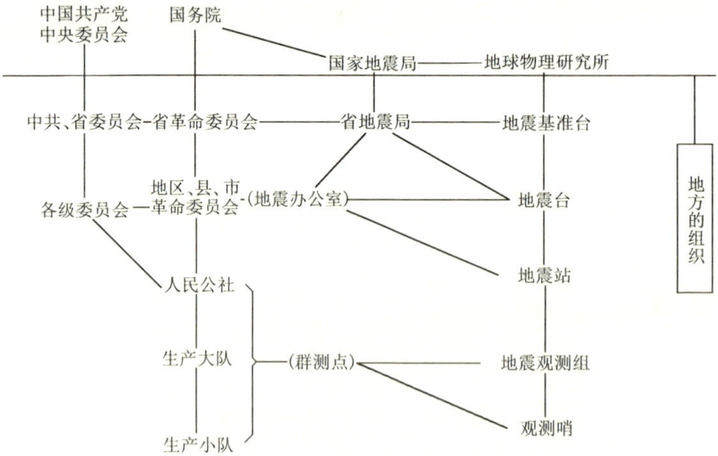

图50 地震预报、预防的地方组织

只观察动物异常的观测点。地震台站的专业技术人员调动群众力量，在地震台站下设“群测点”，再下面就是称作“观测哨”的组织。这些依靠群众力量观测、预防地震的部门叫作“群测群防处”。

如果群众捕捉到与地震有关的前兆现象，可通过基层组织向上级汇报情况。当地震台站确定管辖区域内异常现象明显集中，便会上报基准或中心地震台。当然并不需要每天定期汇报，主要是从判断可能发生地震的那一刻起，就必须向上级传达汇报。

省地震局

省地震局的职能是汇总分析、研究省内观测台网络获取的数据资料以及地震预报意见，最后提出预报意见与结论。早期成立了省革委会地震办公室，之后成立了地震队或地震大队，最近绝大多数的省、自治区、直辖市设立了地震局。北京市地震大队不久也将升格为北京市地震局。

在此介绍一下规模最大的云南省地震局的组织结构。云南省地震局约有 700 名职员。其中地震台站等观测点 200 人，分析预报研究室 50 人，地震地质调查队 50 人，地震测量队 80 人，地震仪器厂 80 人（其中 30 名技术人员、50 名工人），研究室 40 人，运输车队 70 人，电子计算机管理人员 10 人，其他人员负责图书资料、科技信息、器材供应与管理、总务、卫生等。另外，地球物理勘探组计划移入河北省重新编制。

分析预报室主要是收集数据进行分析，平时每周召开一次会商会，研究地震活动的情况，汇总预报意见提交给地震局。省地震局的领导干部依据预报意见内容，召开全局科技人员研讨会，交换意见。如果地震预报意见被讨论肯定，则提交给省革委会，同时向国家地震局汇报。他们还与邻省的地震局交换资料数据，交流意见。

地震地质队对省内的活断层进行调查，以此为根据开展中长期地震预报的研究。地震测量队负责省内的水准测量和三角测量。地震仪器厂主要负责地震前兆现象的各种观测记录仪器的开发、生产与修理，经常巡回于省内的各地震台站、群测群防点，对仪器进行保养维护。研究室进行包括震源物理学、地震工学、高压试验等领域的科研。如前所述，运输车队是个重要的部门，在确认前兆现象、设置现场震灾对策总部等方面发挥作用。电子计算机室有 DJS-6 型小型计算机在运行计算。

分析预报室、研究室和野外组（地震地质队与地震测量队）这三个部门是省地震局的基本组成部门。四川省地震局位于成都，河北省地震局位于石家庄，辽宁省地震局位于沈阳，其规模大小各异，但都是总部设立在省会，承担着各省的地震预报和预防工作。

革命委员会

中国的革命委员会（简称革委会）属于行政机构。比如，云南省革委会主任按照日本说法相当于云南省知事。以前，很小的单位里都有革委会，最近只在各省的地区、市、县、人民公社里才有。人民公社的革委会相当于日本的村公所。

顺便说一下，云南省管辖 7 个地区、2 个省直辖市、2 个地区直辖市、106个县、1个镇。除了文山地区，全省90%的人口居住在地震带上。云南省少数民族众多。根据中国少数民族保护政策，下辖8个自治州、15个自治县。省内有昆明市、下关市、东川市、个旧市4个市。下关市设有抗震防灾指挥部，毗邻以大理石闻名的大理县。昆明市内酒店的地板上都铺着整块的巨型大理石。

云南省革委会设在昆明市。昆明南部的滇池为省内第一大湖，面积约340平方公里，湖面海拔1886米。“滇”指云南，因战国时期这里曾为滇国而得名。龙陵地震就发生在滇西地区。云南境内地形多样，高低起伏，集中了热带至寒带的植物品种，在中国素有“植物王国”的美誉。云南以高级香烟、棉花、药材产地而闻名遐迩，普洱县的“普洱茶”名扬天下，这里还盛产木材。昆明四季温暖如春，被称为“春城”，这里一年四季鲜花盛开，终年果实累累。位于昆明的中科院云南植物研究所，有一个很大的植物园，现有研究人员400人。

省地震局提出地震预报意见后，省革委会对是否应该公布地震预报、在多大范围内传达等作出判断。云南省革委会主任要对居住在云南省境内38万平方公里范围内的2050万人民负责发布地震预报，以保障人民群众的生命财产安全。省地震局专家的意见即使有较大的分歧，革委会主任必须从中作出决断。专家意见不统一时，革委会主任要以保护居民的生命安全作为头等大事来作判断。

地震局向行政领导提出地震预报意见，革委会依据意见公布预报。二者责任分工明确，这既是持续性地践行地震预报、预防事业取得的成果，也是为了更好地开展地震预报工作的智慧所在。

省革委会按照地震预报的内容和紧急程度，召集省内相关人员或者采用电话紧急联络，根据具体情况彻底贯彻地震预报的宗旨。如果顺利完成了准备阶段，在临震预报阶段成立抗震防灾指挥部，省革委会可以在现场的总部办公指挥。

在非紧急的中期预报阶段，地震预报的流程是由省向地区革委会、地区向各县、县向人民公社革委会逐级传达。不向群众公布的预报，通过召开各级革委会领导干部会议予以传达。各级革委会在各自的地震办公室安置专职人员，以他们为中心推进居民的防灾教育和预防对策的实施。

临震预报必须争分夺秒传达到基层组织，必须及时让群众疏散避难。有时候，现场发出避难警报与向上级部门报告需同时进行。随着地震迫近，中央的干部要向现场附近转移，有时甚至要向地方移交权限。

地震办公室

省、地区、县、人民公社的各级革委会里几乎都设置了地震办公室。在已经发布中长期地震预报的地区，实行了机构改革，要求所有革委会都要成立地震办公室。这些地震办公室在地震预报预防成功的背后起着重要作用。它们相当于日本政府机关中的地震科或地震室。那里的职员要处理所有关于地震的行政事务，与地方的地震台站横向联系，向当地群众普及防震减灾知识，还要做地震台站的预算核算与日常事务。此外，中国共产党的各地组织机构中，还设有地震地质队委员会，起着领导作用。

地震办公室的重要职责是紧密联系群众与专家，联系上下级行政机关，顺利开展预报工作，保证预报和情报信息的畅通，扎实推进抗震减灾工作。

人民公社是为了发展农业、提高生产力而于 1958 年成立的基层组织。根据地区略有差别，一般拥有 2 万人口和 2000 公顷的土地，依靠农民团结合作开展农业生产。以“农业学大寨”运动为基本，结合各自水平，努力提高农业生产。人民公社之下分为几个生产大队，生产大队中又有几个生产小队。这些生产队成立了基于中长期预报的地震预报组。地震预报组凭借锲而不舍的努力，逐渐成为普及防震救灾知识、大力配合地震预报工作的基本动力。

城市工业、商业中心地带的市区分为几个区，区里有街道，街道里设有居民区，居民区的最小单位被称为大院。与农村地区一样，这些地方同样成立了地震预报组。工业区居民小区的防灾对策是以家庭妇女、老人为中心来进行的。

指挥领导群众的干部们皆赢得了群众的信赖与拥戴。干部们发奋工作、努力学习，危急时刻毫不顾己，一心一意为群众，他们必须拥有值得群众信赖的人格魅力与信念。群众敢于直言批评领导，干部虚心接受批评，贯彻“向群众学习”的方针。面对群众的批评或质疑，干部连续几小时耐心地解释说明直到群众完全信服为止。看到这些，我感受到了流淌在社会基层的一股巨大力量，这股力量带来了地震预报预防的成功。

专群结合与土洋结合

“两条腿走路”

在专业人员与群众的共同努力下，中国各个领域将传统方法、简单的土方法与最新技术相结合取得了进展。“两条腿走路”的方针，既符合中国国情，同时在提高基层的教育水平上也成效斐然。例如，上海拥有众多工业，汽车产量很大。既有在大型工厂组装的“上海”牌汽车，也同样有路边的街坊小厂里组装的汽车。

中国的科技水平很高，这表现在我们耳闻目睹的各个方面。地震观测用的测量仪器、各式各样的精密仪器都是国内制造。地震仪和精密激光测距仪在武汉生产，高灵敏度倾斜仪在北京生产，电子工学的高精技术在上海，高速计算机也是上海生产的。如此这般，地震台站里设置的都是国产观测仪器。但是，问题在于数量。要在辽阔的中国境内布满地震预报观测台网，国产仪器在数量上绝对是不够的。

既然没有批量生产仪器设备的工厂，那么从事观测的专业人员首先就得制作一些必要的仪器。无论在地球物理研究所还是在各地震台站，我们都能看到工作人员正在制作地

群众开发的土地电观测仪和倾斜仪

震观测中所必需的设备之场景。日本的地震学者之中，也有人在经费不足的条件下，拥有能获得研究成果的技术。他们有的人擅长用较少的钱买到零部件，有的人擅长电路设计制作设备。当我最初将这样的事例介绍给中国专家时，专家们首先问的就是：“这个零件是怎么做的？”“是在秋叶原买来的……”，我苦于回答，一边开始反省自己考虑不周。

负责地震观测技术开发的专家有很多人参加1978年中国地震代表团访问了日本。以张变麟为团长的代表团成员在我们的陪同下，参观了大型计算机的组装工厂、东京的秋叶原电器一条街、其他所有与地震观测有些关系的工厂。令我们吃惊的是，不论在什么地方参观，他们总能提出尖锐的基础性的问题。为了回答提问，我们几度跑去寻找相关的技术人员。

中国要以国家规模推动地震预报预防事业进入下一个阶段，当前必须加大力度投入的是提高观测仪器的质量并确保观测仪器的数量。眼下已经阔步迈出了第一步。

群众观测

巧妙弥补观测仪器在数量上的不足，使地震预报走向成功的是群众依靠智慧想出来的“土办法”。虽统称为群众观测，其中亦可分为三六九等。

具体来说，有些拥有最先进观测手段的群测点，在观测的质与量上甚至要高于专业台站。它们大多被称为群众业余预报组。如字面所言，预报组的工作人员利用工作之余从事业余的地震观测，不过他们的本职工作多是在其他领域专门做测试技术工作的。勘探地下资源大队里，拥有电法勘探、重力测定及其他所有有利于地震预报的技术。以学校理科老师为中心的观测点也一样。群测点在工厂、中学设立得最多也许就缘于此吧。这些群测点使用的仪器都是现成的，或是想方设法手工制作而成。

参观了中国很多的观测点，我认为与日本最大的不同之处就是在观测资料的记录方式上。即便使用同样的地下信息传感器，我们的方法是为实现信息输出、记录、处理的机械化而必须投入大量经费。这叫作节省人力。机械出现故障后，直到工作人员来处理解决，此段时间内的数据会被漏记。而在中国的观测点，实行倒班制，通过直接与传感器相连的测量仪表上的指针读取数据，然后将数据计算后记录到表格纸当中。如果觉得数据有点不正常，当场可以重新再测一遍。因为简单，故障很少发生。如果仪器不动了，可当即修理，马上再进行测定。因此，数据的漏记少之又少，几乎可以说绝对没有。

在没有专业人员的人民公社群测点，工作人员开动脑筋，钻研技术，有些甚至是我们想象不到的。为了观测地磁的变化，由于设备灵敏度不够，且只有一台测量仪，他们就将直径 1 米的大线圈置于地下室，把放在东西和南北向的线圈串联起来，以此记录其变化。为了提高垂直摆倾斜仪的灵敏度，搭建数米高的高台，中间悬挂重物。没有水质分析的仪器，大家就每天汲取井水亲尝味道。从地震预报这一目的来考虑的话，可以断定其中很多方法都难以获得高精度的资料信息。然而，中国的专家们正在认真培育群众的观测热情。经过努力，不久会真正培育出有助于地震预报的群测点，群众的抗震防灾知识也必将不断丰富。

奖 状

那些在地震预报、预防中作出一定贡献的集体被授予各种奖励。既有国务院颁发的奖状，也有国家地震局、省地震局颁发的奖状。参加地震工作会议时，受到表彰的集体便成为地震群测群防的模范和英雄。省内外的人纷纷前来参观学习，交流意见。

1975 年 3 月 12 日，中国国务院发布通告，表彰在辽南地区的地震预测、预报中作出突出贡献的单位。除了营口市石硼峪地震台、旅大市地震台金县观测站、盘锦地区地震台、海城县地震台等专业台站之外，还包括营口县虎庄公社邮电支局业余地震测报组、辽宁省冶金地质勘探公司102队群众测报组。同时，国家地震局于3月13日对海城地震的预测、预报中作出贡献的省、自治区、直辖市革委会地震办公室、地震大队、地震队以及所属各单位给予了通报表扬。

这些通告中，歌颂了中国取得“地震战线的伟大胜利”，要求人们继续努力，保护群众的生命财产，进一步发展地震预报、预防事业。

当然，为什么必须要配合地震工作？群众中有时也会产生疑问与困惑。国家建设中还有其他许多必须要做的工作。中国大地震预报、预防取得成功的事实强烈地刺激了世界地震预报研究者。它告诉人们地震预报是可能的，成效是巨大的。例如它使日本的领导者大大提高了防灾意识。我在各地对许多中国专家和群众提及过此事，尽管他们可能还未清晰地了解自己所从事的工作具有如此重大的意义。我还介绍了日本有比中国更早开始普通民众协助地震观测的事实。有位日本人每天必定在规定的时刻换记录纸，十年如一日从未间断。当地震遥测传输系统建成以后，他再也不必更换记录纸了，那个人却说：“请不要夺走我生存的价值。”这样的话题似乎给不了解外国情况的中国老百姓留下了新鲜深刻的印象。

科学教育

北京大学

“文革”风暴后，从“四人帮”的禁锢下解放出来的北京大学，为了培养支撑中国下一个时代的知识分子，正在实行巨大的改革。现在的中国，在20岁到30岁年龄段，很难找到拥有坚实基础知识的专家。这将是关系今后发展的重大问题。

北京大学是创立于1898年的综合性大学。“文革”后，入学制度进行了修改,在中学毕业有两年工作经验的年轻人中，经过其所在单位群众的推荐与考试，就可以入学。1973年的“白卷”事件造成了不注重学习能力的教育荒废倾向。1977年春，中国开始推行教育改革，具体的制度各个大学还在摸索之中。其中就有尽可能缩短教育期间，同时进一步实行高一级进修班制度（硕士）的改革。

北京大学与地震相关的理科学系，设有地球物理、地震地质、地质地理等学科。地球物理学的教员有140人，包括25名工厂的职工。教师在地球物理学系的专业内教授地震学。此外还有天文、空间物理、大气物理、气象等专业。在地震地质学科中，有地震地质、地球化学、地质力学、古生物地质、

北京大学电子计算机室

地形、物理地形学、地质经济等专业。学生的专业在入学时已经决定。固体地球物理专业每年将近50人入学。近年来大地震频发之后，入学人数也增加了。1977年度的毕业生们，都掌握了丰富的唐山大地震的经验。

大学的教育中也非常重视授课以外的实践经验的积累。学校拥有高度生产技术的附属工厂，向社会提供实际生产的产品。地震仪器厂的25名技术人员在生产的空余指导学生实践。不同时期工厂生产的仪器有所不同。我第一次访问时工厂正在大量生产质子磁力仪。1977年5月访问时又在大量生产地磁水平分量测定仪，一年计划生产70—80台。另外学校也十分重视学生的观测经验，学生们在一定期间内会到地球物理研究所及各地的地震局从事观测工作。

大学校园曾有一时荒芜的迹象，但现在已变得非常干净整洁。图书馆中有很多学生在认真学习，还见到了来自于日本的留学生。计算机被用于处理资料数据和理论实习。在古色古香的中国传统建筑物中，运转着上海制造的 DJS-18 型、DJS-11 型计算机。程序语言以电算算法语言为主，容量约为 128KB，输入用纸带，输出是比较高速的行式打印机。当然全是国产品，部分甚至是北京大学制造的。

人才培养

从事地震预报工作的专业人员可以从北京大学的毕业生中选拔，但远远不够。除西藏以外的各省、自治区、直辖市都有像北京大学一样的综合性大学，只是没有地球物理学科，云南大学即将开设；除了综合大学以外，全国还有众多的教育机构。以理工科为主的清华大学培养抗震工学等方面的专业人才。安徽省的中国科技大学物理系也在教授地球物理学。专科学校在全国各地有很多，例如在兰州、成都、长春的地质学院中都设有地震预测的学科。从地方的专科学校也有到北京的地震仪器工厂实习的学生。我向正在组装仪器的年轻小伙子打听其所属时，他一边回答是长春地质学院的学生，一边低头继续干着手头的焊接活。

应中国科学院的要求，中国科技大学在北京创办了研究生院，相当于日本的大学院，学制 3 年。选拔考试非常严格，学生到毕业时必须要独立完成一定水平的研究。学校每年招收约 1000 人，并计划逐年扩招。

1977 年 10 月，新的大学招生简章公布。各省、自治区、直辖市从德智体三方面要求进行统一招生考试。报名资格为 20 岁左右到 25 岁的未婚者、高中成绩特别优秀的在校生。

有特殊专长的可以放宽到30岁，已婚也可以，等等。入学志愿可以填报到第三志愿的大学。这是为了重整几年来在各个专业后继无人几近荒废的教育现状，更为了实现“四个现代化”的目标而进行的改革。

中国的教育制度在改革摸索中不断地进行新的探索与实践。中国科技大学于1978年招收了最大16岁、最小11岁的20名少年大学生。这些没有参加1977年末全国统考的学生，是老师们到各个城市逐一进行单独考试后成绩合格被准予入学的，学校为他们专门开设了少年班。

北京师范大学的文科和理科共有12个系。1978年的入学人数约为1000名，是打倒“四人帮”招生制度修改后的首次招生。与以往几年相比，这次的新生学力水平普遍偏高且均衡，他们朝气蓬勃，为实现“四个现代化”而努力拼搏着。

中国国务院决定恢复20世纪70年代初停办的13所大学，另外新增42所大学。其目的是为了减少大学较少的地区，同时加强完善少数民族地区的教育制度。我相信今后一段时间，中国教育领域的改革会以各种各样的形式予以推行实施。

另一方面，中国向国外选送了大量的研究人员和学生。目的是充分学习吸收国外最新的科学技术，促进中国的发展。他们认为在地震预报领域，虽然中国拥有丰富的实践经验，但是在地震学基础知识和观测的技术以及地震预报的方法论等方面，要向日本学习的东西还有很多；中国的经验和地震预报的成功仍然处于初级阶段。正是抱有这种想法才能有今后飞速发展的原动力。就这一点上来说，也是我们必须要向中国学习的地方。

群众教育

地震预报的发展速度虽然很快，但群众的科学知识水平普遍较低。在作出大地震中长期预报的地区，开展依托专群结合、土洋结合的地震工作时，对群众的科普宣传教育取得显著成效。地震预报的目的具体，观测、观察的对象就是身边的自然现象。扎根于当地的地震局、地震台、地震办公室的专业人员，通过教育材料予以热心解说。其解说不惜时间、非常平易近人，内容也有相当的深度。

教材上使用诸如小册子、招贴画、黑板墙报、幻灯片、电影、广告牌展示、广播等可以利用的所有手段，方法上盛行巡回说明、夜间讲座、在生产队的讨论学习会等。人民公社的工作都是集体作业，虽然家庭没有电视机但群众教育进行得十分顺畅。因为相比旧社会，生活明显好起来的新中国民众非常赞同今天的社会制度。在城市有为工人开设的“工人大学”等夜校，这些地方也被用于科学教育。

面向民众发行的地震书籍种类繁多，彩色印刷品中就为什么发生地震、如何预报、如何防震抗震、发生地震后如何应对等内容都配上通俗易懂的插图和简洁文字的说明。书店设有地震书籍专柜，但常常是很快销售一空。书店也销售大型招贴宣传画，学校、工厂、人民公社都张贴着买来的宣传画。

很多群测点设置在中学，理科的老师和优秀的学生作为课外活动进行观测。在中国当时还没有义务教育制度，许多村庄都在努力增加就学人数。小学普遍是 5 年，中学阶段初中 3 年、高中 2 年，学生年龄为 13—17 岁之间。

云南省建水县的建水第一中学是地震预报的模范校之一。

从1300名学生中选拔出60名左右优秀的学生作为预测预报员，课外进行地震预报的观测。他们调整仪器、读取数据、计算处理、记录到表格上加以分析，而且还不断思考、探索新的方法。他们已经实施预测预报8年，培养了将近900名有预测预报经验的毕业生。这些学生进入社会后就职于各个单位，成为业余观测预报员，推动了地震知识的普及，其中也有人成长为地震专家。

这8年中，老师们一直在认真讨论学生做地震预测预报工作是否与学业相对立的问题。他们最终得出的结论是，地震预报工作作为数理化科目的活生生的教材，对学生的学习起到了很好的促进作用，它加深了学生对科学的理解，培养了学生独立思考的能力。

建水第一中学的预测预报组取得过几次实际的预报成果。1977年9月30日发生了震中距为29公里的4.9级地震。震前的8月初，学校的观测组就提出了书面预报意见。9月初再次提出意见，9月22日做出了将发生5级地震的预报意见。9月27日，省地震局派出专家调查队。根据调查结果，建水县革委会对所管辖的人民公社发出了“老旧房屋要注意，结实的房屋不必担心”的预报。

四川省成都市龙泉中学的地震预报组是一个对松潘、平武地震预报提供了有用情报的优秀群测点。四川省科学大会召开时，这个小组的模范活动得到了高度评价与表彰。他们工作中的最大特点是，在大地震发生2小时前用独特的创新方法观测到了地声并提出了预报意见。

1976年8月16日晚，龙泉中学地震预报组的值班室里，老师和学生们在紧张地观测着地声。临震预报已经发出。为了不放过临震前大自然产生的信号，他们坚持用盒式录音机连续清晰地记录了基岩发出的微弱声音。20 点 10 分，地声突然接连不断地发生了。根据之前的观测和分析结果，预报组判断这次地声是地震前兆现象，立即提出了预报意见。时间刚好在松潘、平武大地震发生前 2 小时左右。8 月 22 日和 23 日的地震发生之际他们也同样提出了预报意见。

这个中学的地震预报组，最初是使用观测地电流的简单设备开始工作的。他们参观了专业地震台，在专业人员的指导下学习。刚开始，他们的地震知识浅薄，进行地震预报的观测时，也几乎没有任何设备。和其他群测点一样，这里也是通过“自力更生”得到了发展。他们建造了简单的观测室和暗室，测定了磁偏角，并自制倾斜仪，设置了地下温度计。

在学习的过程中，预报组的学生和老师们特别关注地声现象，对其产生了浓厚的兴趣。经过辛苦尝试，以擅长声学和电子学的物理老师为中心制作出高灵敏度的地声观测设备。这种设备通过在基岩的水井中放置传感器，用盒式录音机收录地下传来的声音。播放录音时，可以听到各种各样的声音，有与地震有关的，也有无关的。他们将其分门别类，分为蛙鸣声、雷鸣声、布的撕裂声、警笛声等几十种声音，用各自的记号记入图表，逐渐积累了经验。经过长达数百小时的观测，组员们养成了能够分辨各种声音的能力。

他们努力的结果，终于表现在松潘、平武大地震发生前 2 个小时就发出了预报意见。现在这个预报组的成员已经超过 100 人。虽然仅仅是课外活动，还从事着发行地震知识的教材、在学校内外举办讲座、普及地震知识的工作。课堂上，也开始出现有关地震或者运用预报组观测数据的应用问题。

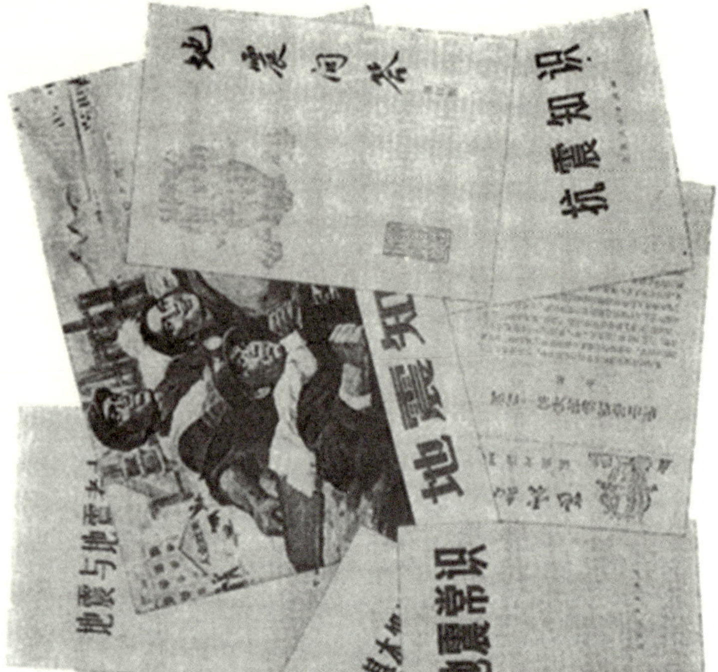

地震知识普及书

物理课上，运用地震预报中发挥重要作用的地电流、地磁的概念，用电力电路的原理来说明观测仪器的线路。数学课上，例如在教矢量概念时会使用地震预报的数据来说明，生动形象并饶有趣味地讲授课程。这些地球物理、观测仪器原理和数据分析实践，激发了学生强烈的好奇心，同时也逐渐被融进科学教育的教材之中。

这个地震预报小组的活动和发展还对其他学生起到了激励作用。龙泉中学的课外科学活动变得非常活跃，涌现出许多自发的学习小组。另外，有的老师还写出了关于地震预报的研究论文。有关于地声的综合研究的论文，也有人发表了根据四川省历史地震记录，运用数理统计学方法加以分析的论文。地震预报小组的毕业生中，有很多学生通过了 1978 年开始的大学统考。

中国的学校教育从小学到大学始终坚持实践与理论并重的方针，教育实践中多使用生动的教材。可以看出，地震预报的观测实践也是其中的教材之一。人们无论在中国的哪个地区工作，都不能脱离地震去思考问题。我想地震预报小组的毕业生们，在中国的各个地方、各个领域都会作为当地地震对策的领头人，继续进行有关地震预报的业余观测，而且，都会在当地向人们传授正确的地震知识、指导正确对策的工作中发挥核心作用。

地震预报发表或者地震突然来袭之时，身边有对地震这一自然现象能够正确理解的地区负责人，居民和从事地震事业的专家就会受到鼓舞，信心倍增。了解当前地震预报技术的水平，也是防止情报误读的一个前提条件，这可以防止一些混乱事态的发生。比如，本来仅仅是呼吁人们注意余震，不知不觉间就误传为大地震马上要来了；或者将“烈度”和“震级”之类的用语混用等。

中国领导者们正在积极努力地培养中国民众的科学的思考方法。地震这一自然现象成为这种教育的生动教材。为了准确预报一次大地震，需要几年或几十年艰苦的观测积累资料，以及坚持不懈的分析研究。而且，地震的前兆现象是以微弱的信号存在于自然现象之中。人们要用自己钻研思考得到的监测方法去发现那些信号，半途而废是不可能获得成功的。只有民众自身积极努力，配合专家的正确指导，才可能获得科学实用的地震预报数据资料。专家艰苦努力的积累，会达到帮助提高地震预报精度的结果，同时对民众正确理解、认识所发布的地震预报也会发挥积极作用。

科学技术的发展

四个现代化

“四个现代化”就是在20世纪内实现农业、工业、国防、科学技术的现代化，使中国的国民经济位于世界前列。这是1964年12月第三届全国人民代表大会上提出的“两步走设想”的第二步。第一步是在1980年以前建立一个独立的、比较完整的工业体系和国民经济体系。1975年1月，在第四届全国人民代表大会上，周恩来总理再次重申了这一设想。但是，1975年下半年之后，经历了“四人帮”的篡党夺权阴谋、周总理逝世、天安门事件、毛主席逝世等一系列大事件，直到1976年10月7日华国锋就任主席前，这一设想并没有得到具体的推进。

四个现代化的发展方针写进了中国共产党党章的前言。1978年2月，在第五届全国人民代表大会上，华国锋主席在政府工作报告中，对《1976—1985年发展国民经济十年规划纲要》的核心予以了说明。他指出，到1985年为止的第一阶段是“四个现代化”实现的关键时期，剩下八年的目标是：工农业生产和运输通信的发展要超过过去28年，建设投资要相当于过去28年的投资总额。

全国科学大会

作为“四个现代化”中的一大目标，发展科学技术是重中之重。1977 年 9 月 18 日，中国共产党中央委员会决定将于 1978 年春天在北京召开全国科学大会。同时决定成立国家科学技术委员会，要求各地区及各部门加强科学技术管理机构。这一决定在中国科学院大会上予以传达，并在北京召开了全国科学大会预备会议，进行了准备活动。

在中共中央委员会的通知中，写着“必须贯彻百家争鸣的方针，在人民内部限制学术界的自由讨论是犯罪行为”。越是了解“四人帮”对科技界的压制，越能深刻理解贯彻百家争鸣的方针对中国的科学工作者是多么的重要。

在 1978 年 3 月的全国科学大会上，方毅副总理作了重要报告。方毅副总理是中共中央政治局委员，国家科学技术委员会主任。1910 年出生于福建省，据说精通几国语言。他在会见我们时说：“地震学正处在发展阶段，即使听说大地震发生的时间、地点、强度可以准确预报，仍然令人难以置信。目前可以明确的是震前一定会有地震前兆发生。但是无法在每个国民的家中放置一台仪器。所以依据‘土洋结合、专群结合’的综合判断尤为重要，今后必须大力发展。”

3 月 18 日方毅副总理的报告中提出，到 1985 年的 8 年间，科学技术的发展是事关“四个现代化”实现的关键所在，他详细叙述了具体的方针，并披露了需要特别集中力量发展的农业、能源、材料、计算机、激光、宇宙空间、高能物理学、遗传工程学的具体目标，以及促进达到上述目标的对策。阐述了有关完善研究体制、确保人才、晋升与奖励制度、保证自由讨论和发表、海外学术交流、对研究者予以时间上的保证、完善图书与信息、分工合作、成果的普及等方面的问题。

保证科学工作者每周至少有六分之五的时间用于专业研究。为领军人物配备助手，解除其杂务事项，鼓励他们利用业余时间投入学习。研究机关的后勤必须服务于科研一线。必须改善科技工作者的生活条件。

我相信在全面推进“四个现代化”的中国，这些举措一定会得到切实落实。对于有魄力和才能的科学工作者而言，中国也许会成为更容易开展科研活动的国家。中国的科技工作者受日本学会的邀请访日时，看到日本同行从经费征集到导游安排事无巨细奔波的样子，他们很是同情。在中国都是那里的外事处工作人员制订计划、由专职人员在分工合作的基础上完成，而学者只需要考虑讨论的内容即可。

3 月的全国科学大会召开之后，根据其成果，各部门马上就各种改革进行讨论并予以实施。在地震预报领域，首先

全国科学大会之后

计划向日本派出代表团，并提出重点想对观测技术、信息处理等方面进行考察。我 4 月在北京与国家地震局的工作人员见面时，他们提出希望 5 月访日。对于已经习惯了他们慢悠悠工作作风的我而言，对其积极的态势留下了极为深刻的印象。8 年时间要完成目标，必须要急速前进，就人才及物资而言不光需要质量还须确保数量。

24 小时前的临震预报

华国锋主席对中国的地震预测预报专家们提出了努力在大地震临震前 24 小时前发出警报的要求。为了达到这一目标，如前所述需要积极推进地震预报的基础研究和前兆现象的分析研究，提高前兆信号的传送和处理速度，还必须提高预报及警报的传达速度。在观测与预报的手段上，如果不能实现数据通信、控制、处理的高速化，对于临震阶段时间短暂的地震而言，要达到 24 小时之前发出警报是难以实现的。

观测台网获取的信号，通过各网点工作人员的通报，由中心予以综合判断。全部的数字信息传送到中心，集中处理辽阔区域的所有资料数据，必须进行更高精度、更高水平的判断。北京周边及辽宁省已经开始构建这样的遥测地震监测台网。要完成这样的台网，仅有局部的发达技术是不行的，还必须同时提高社会的综合技术水平。在系统必要的性能之中包含着长期稳定性等内容。就日本的技术而言，例如仪器设备运转率如能达到 98%便会留有很优秀的印象，但如果仪器连续工作 24 小时，便意味着平均每天会有大约 30 分钟的空当或故障。所以要将地震预报系统提高到相当完美的程度绝非易事。

如前所述，在电话普及的日本，人们认为日常的联系都依赖于电话是很方便的事情。但是，紧急状态下由于局部的干线出现全部满负荷占线，有时甚至需要等候一天以上的时间才能接通对方。在文明发展到一定阶段后开始将地震预报作为社会问题考虑的日本，未经历过的障碍一旦正式发生时便很可能会成为陷阱。与之相对，中国是在尚未有所谓的高度文明时就开始了地震预报的实践。因此，我个人认为，一方面要充分利用吉普车和人力的做法，坚守“专群结合”与“土洋结合”的方针；另一方面作为加快专家判断的手段应该引进最新的技术。

中国出版的地形图中，很好地标示出辽阔的平原、高原、高耸的山脉、盆地、沙漠等各种各样的地形。在发生海城地震和唐山地震的东北、华北平原地带，地震预报工作进展很快。龙陵地震、松潘—平武地震、盐源—宁蒗地震均发生在海拔4500米以上的青藏高原的东部边缘、海拔陡然间降低至1000—2000米的地带。四川盆地与其相连，南侧是广阔的云贵高原。

四川盆地地下有煤炭、石油、天然气、硫黄、磷灰石等丰富的矿产资源，还有盐井可以掘井取盐水。云贵高原地势西高东低，大小湖泊、沼泽众多，许多少数民族生活于此。这里石灰岩分布广，因长期的溶蚀而形成诸多耸立的奇岩与溶洞，拥有著名的石林等许多观光胜地。

1970年7月，连接四川省成都和云南省昆明的成昆铁路开通了。这条全长1085公里的铁路蜿蜒于高山峡谷之间，桥梁和隧道的总长度累计达到400公里。沿途有陡峭的地形、大江大河、有7级以上的地震区，地质构造非常复杂，气候变化也很剧烈；还有断层、流沙、山体滑坡及天然气喷发地带。这一始建于1958年的铁路工程必将载入世界铁路建设的历史。现在，这条铁路的沿线被称为“地质博物馆”。四川、云南的地震预报工作将由成昆铁路向西部的山岳地带延伸。

在青藏高原东部的四川—云南的地震带布设遥测地震台网，需要解决的不光是电子技术方面的问题，还有如何架设等诸多困难问题。没有电话而采用无线电传送方式的话，信号在传送途中有高山阻挡，需在山顶设置中转设施。但是我相信，开通了成昆铁路的中国人民凭借自己的力量，一定能够攻克上述难关。

传达预报的手段也一样。社会越复杂地震预报的内容就越需要根据不同的对象进行解释翻译。传达方法上也要与之相适应。在工业社会必须高效控制的部分变得越来越多，往

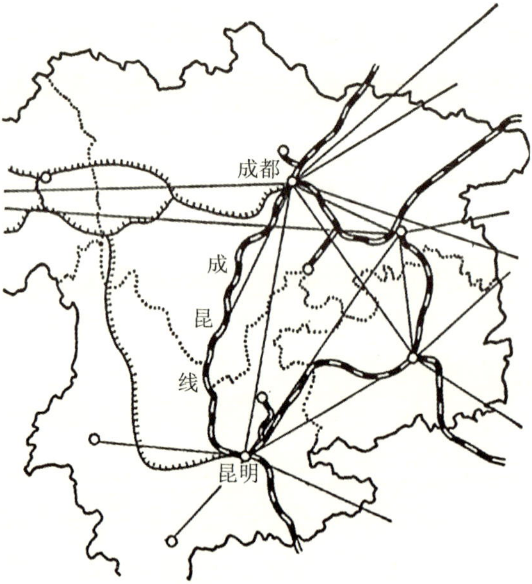

图51 成昆铁路

成昆铁路

往 1 秒钟的偏差就会酿成大的事故。

解决这些问题的信息工程学必须尽快推进。方针之一就是要发展充实计算机部门。但是在中国，几乎所有的人还没有理解、认识计算机，见过计算机终端形状的人也极其稀少。当然，中国虽然没有自动取款机和自动售票机，人们在生活上并没有感到任何的不便。但是，考虑到年轻人才的匮乏，要想用 8 年时间完成基本的发展，泛泛的努力是难以实现的。

文明的矛盾

1978 年春天以来，不断地有科学家代表团访日，其质量和数量均令人瞩目。这使人感到在中国这个庞大国家正在发生一系列的变革，其结果是中国人蜂拥至日本。作为接待方，对于中国在改革之前发生了什么、“四人帮”到底是什么、国家是如何变革的等我们都还没来得及充分了解。日本接待方中有人理解为市场放开了，有的人觉得终于可以实现向往已久的中国旅行了，大家都在谨慎努力地为对方工作着。另一方面，访日的专家们热情高涨，想学习的内容又偏重于具体的技术性细节部分。由于方便食品的大量出现，结果导致日本儿童营养不良，从而在各方面出现了各种深刻的问题。中国产的方便面我觉得很好吃，但在中国却不受欢迎。中国天然食材丰富，那里的人们愿意花时间将这些食材细致地做成各种菜肴，并以此为乐。

技术先进的国家承担了文明的负面所产生的各种各样的矛盾，在此希望中国的大众和专家能够充分认识到这一点，并在探索解决这些矛盾的方法的同时能够实现“四个现代化”的目标。

仅就地震预报和抗震防灾对策而言，日本和中国有许多不同之处。1978 年 4 月静冈县地震考察团访问了中国。团员一行乘坐的日本航空 781 航班，在北京时间 13 点前徐徐降落在北京机场时，点缀于各处的人民公社和广阔的耕地、笔直的灌溉水渠应该是大多数团员对中国的第一印象吧。据身为团长的山本县长所言，与他知道的 30 年前的中国农村相比，其变化是非常巨大的。这是他近期第二次访问中国。按中国的习惯说法，在作出大地震中长期预报的静冈县政府内设有地震对策科，负责地震对策科的越井一郎科长到访中国的第一句话就是“这么开阔，很容易避难嘛！”

降落到北京机场后，我们乘车前往北京市中心的下榻饭店。从机场到市中心的道路两侧，树木美丽繁茂，甚至挡住了远处的景物，其外侧是果树园。进入市区马上便看明白了大家上下班或日常生活都在使用公共汽车或自行车。而且道路的两旁种植着两三层树木。晚上降落到北京机场时，在漆黑的夜色中只有两束引导灯光在渐渐地接近。而在大阪国际机场降落时，使人感觉到飞机像是被一大片无际的灯光海洋所吞没似的。

在首都北京逗留了几天之后，越井科长的印象似乎仍无改变。对于一直从事技术工作的他而言，在“备战、备荒、为人民”的方针指导下建成的中国社会的优越之处，大概仅凭直觉便可以理解的吧。中国社会的基本构造从一旦发生灾害时保护人民生命的角度来看是十分有利的。另外，城市的居民区以及农村的人民公社，其街道建造都便于避难。感到大地震的震动时马上跑到屋外而死里逃生的可能性非常大。一旦跑到外面，基本都是开阔的地方。所以在进行避难训练时，只用 8 秒可以避难就不足为奇了。

与日本相比，木材很难入手的中国几乎所有的地区，自古以来房屋都是用泥土建造而成，而且有的地方还有很多人住在窑洞之中。在日本发生 5 级左右的地震，大家都不会过分惊慌，但在中国即使发生 4 级的城市直下型浅源地震，就会造成巨大的灾害。因为泥坯房屋会全面塌毁。因此，为了保护生命安全及时发出临震警报就显得尤为重要。相反，一旦失败而且地震发生在夜间的话，就会牺牲许多宝贵的生命。

从各个家居建筑来看，日本的民房建筑大体都具有很强的抗震强度。作为地震对策的地震预报可以抵御 6 级以上的地震，问题在于发生 8 级以上的大地震。如果掉以轻心，日本各家各户引发火灾的可能性很大，而且危险物的种类和数量又很多。与中国相比，日本房屋的排列和街镇的构造有难以防备次生灾害发生的一面。中国的人民公社是在耕地之中建造的小规模村落，村与村之间留有一定的间隔，人口分散。其在规模、分布方式上均与一些从古保留至今的日本村落非常相似。其中无不蕴含着防备自然灾害的人类智慧。

历史上长期积累的人类智慧在人口高度集中的日本城市

已经无用武之地。人们往往被告知一旦发生地震千万不可逃到室外。什么是安全的，什么是危险的，如果不逐一检查的话是无法简单判断的。如果要从中国的实践和经验中学习震灾对策，还存在着社会结构的差异是否过大的疑虑。可是，经过一系列的考察，我们还是收获颇丰的。比如，与其考虑将巨大的储水罐设置于某处，不如各家各户准备好水缸更立竿见影。如果考虑疾病和有毒物质的流出，就算有水井也可能无法使用。震后专业的医疗机构发挥的作用固然重要，但也不能忽视可以一个人背着跑的急救箱之功用。根本问题就在于如何提高自主防灾的能力。

中国尽管没有大型储气罐，但有营口火柴厂的抗震防灾经验。虽然城市的形态各异，但市区街道都有以主妇和老人为中心的自主防灾组织。我觉得从中国的经验之中各个方面都能获得教益。静冈县地震考察团的能势邦之副团长在为期3周的考察即将结束时总结道：只有回国后将学到的东西充分落实，才是对中国友人诚挚招待的最好报答。

随着文明的发展，在高度工业化的日本，一张复杂的社会结构之网在广阔的地域内铺展开，高速交通网纵横交错于其中。危险物品随处放置，而且一般的市民甚至不知其存在；社会管理机构普遍利用计算机运营；人们完全习惯于使用自力更生效果甚微的机械化的手段；电力能源一旦断供，无法估量的众多社会功能都将陷入瘫痪状态……大地震袭击日本城市时，可能会发生许多不可预见的事情。中国为了实现“四个现代化”正在疾速发展之中，不久的将来，在某些方面也许会面临与当今日本相同的灾害对策的复杂化问题。

为了进一步提高地震预报技术的精度，需要依靠综合科学技术的发展。这种发展同时会使作为震灾对策对象的社会加速产生复杂的因素。大地震袭击过后，人们陷入与平时生活反差巨大的状态之中。如果是上一代人倒也无关紧要，但在今天的社会或许会引发很大的问题。周日木工即兴使用电动工具可以为大家带来快乐，但大地震之后为了救出被压在坍塌房屋之下的人，能马上找到斧子、锯子或当作杠杆用的铁棒吗？为了防备大地震，只是准备好应急食品、记住避难场所是远远不够的。各个地区需要制定各自周密细致的对策，地区内部需要确立沟通交流方式以及负责人的存在。

现在，静冈县是大力致力于震灾预防的日本自治体之一。该县以地震对策科为中心正在进行系统、大范围的准备工作。作为日本的地方自治体，他们是最早开展这一工作的，相信一定会留下宝贵的经验。在具体推进地震对策的同时，静冈县教育委员会首先从县内高中着手，普及地震相关知识，力求在教育层面得到充实。在其计划中，不仅仅是单纯的知识传授，还包含以示范校为首实施地震预报观测的内容。已经有五所高中开始了地电流、地倾斜、井水水位变化的观测。高灵敏度的地震仪也在观测之中。这些都是作为高中生的课外活动方式来开展的。其目的在于通过观测伴随地震的自然现象，使学生加深对地震的了解，使社会的各个地方在不久的将来，尽可能多地出现震灾预防的领头人。

在日本，看不到像建水第一中学那样学生们及其父兄一同无偿挖掘观测用地道的光景。这里的学生都普遍认为洞穴是机器挖的，这是日本的现实，我们必须承认其存在并寻求下一步前进的目标。在这里，观测方法与专业人员的做法相比并不逊色，必要的话数据的分析必须运用高等数学。不过，在常常填鸭式灌输知识的日本高中教育中，这无疑已成为了生动的教材。我期待着有朝一日，静冈县的高中生可以和远隔 3000 公里之外的建水第一中学的同学们进行交流。

我期望中国的民众在实现“四个现代化”的过程中，能够充分认识到日本技术文明的好的一面和不足的一面，并给以坦率的批评指正。地震是自然现象，地震预报和震灾预防的原理在任何国家都是相同的。在发展日本地震事业的过程中，我们也必须超越社会和历史的差异去学习中国的经验。

参考文献

介绍中国的出版物最近突然多了起来。中日虽为邻国，但有关中国的知识和信息让人感到出奇的匮乏。最近几年，中国在根本上虽未有改变，但我耳闻目睹之变化还是非常巨大的。希望大家在留意这一点的同时，参考这些出版物中关于中国社会与自然方面的介绍。即使是两三年前出版的书籍，也可能存在一些让人误解当今中国真实面貌的内容，旅行指南图书中很多东西也已过时。

本书中出现的关于中国的自然与社会状况的说明，有的是引自一些出版物，也有的参照了地震专业刊物。具体书目如下。

中国出版物

《地球物理学报》（季刊），科学出版社。

《地质科学》（季刊），科学出版社。

《地震知识》（1—10），地震出版社。

《地震战线》，科学出版社。

《地震问答》，地质出版社。

《辽南地震》，商务印书馆。

《战胜大地震灾害》，外文出版社。
《动物与地震》，地震出版社。
《地震与地震考古》，文物出版社。
《地下水与地震》，地震出版社。
《地质力学》，李四光著，科学出版社。
《中华人民共和国分省地图集》，地图出版社。
《人民中国》（月刊），人民中国杂志社。
《成昆铁路》，外文出版社。
《中国的地理概况》，外文出版社。
《中国地名手册》，测绘出版社。

日本出版物
《中国地震考察团演讲论文集》，地震学会。
《1977 年地震学会访华代表团报告集》，地震学会。
《静冈县访华地震考察团报告书》，静冈县。
《六大地区的经济体系》，日本国际贸易促进协会。
《朝日年鉴 1974 年版 别册》，朝日新闻社。

后　记

中国地震界考虑将地震预报、预防的实施情况向国外的研究者公开，大约始于1973年。这一年的7月，美国加州大学的著名地震学家博尔特教授访问北京，他在报告中对地震预报计划只作了简单介绍。

当时，将推进日中学术交流作为重要工作的日本国际贸易促进会关西本部的木村一三理事长和古贺新藏等人士，与中国科学技术协会就地震学的交流进行了探讨。贸促会的年轻工作人员、在外国语大学学习汉语并以优异成绩毕业的岩田宪幸到访了我们的研究室。直到那时，我还只是一个对中国完全一无所知的日本人。

自参观邢台市隆尧县红山地震台起，至今仅仅过去4年。这期间，在中国发生了许多大地震和社会事件。4年前看到的略感不适应的中国社会氛围，现在已经荡然无存了。我想并不是我变了，而是中国在发生着变化。在路上吐痰的人少了，北京大学墙上的大字报也不见踪影了，提什么问题就一定能得到答复了。最初被福富女士严格禁止的关于女性美的话题，现在也可以和中国人落落大方地谈论了。

福富纪子是关西本部的职员，其汉语竟然学到了可以和中国人一样的水平。在短短4年内，我能够对中国的地震与中国社会有比较深刻的了解，与她的才能和努力是分不开的。她是支撑起日中两国地震学交流的人物，远远超过了中国常说的“妇女能顶半边天”。还有一位是新日本国际株式会社的社长渡部道子女士，她是一位热情洋溢的女性，通过协调中国旅游的工作，促使日本人了解中国的真实面貌，她对帮助我理解另一半的中国起到了举足轻重的作用。在中国各领域的领导和群众中，这两位女士均有很多老朋友。

每次访问中国，日程紧凑充实，我感到非常愉快。这完全是托福于科学技术协会的苏凤林、国家地震局的安启元和邹其嘉先生的全程陪同，以及一边学习专业用语一边翻译的各位的帮助。无论是在北京还是其他地方，我都向不计其数的人们学到了很多东西。在云南参观时，由于过于亢奋，我不慎脚部受伤，得到了通海的年轻医生和建水女医生的悉心治疗。时隔一年，在建水招待所住宿时，我专门去见了那位女医生并表示感谢。招待所的女服务员们仍然都记得我。在北回归线上的这座小县城，仰望着与日本迥异的星空，回忆起几年来自己往返于日中两国的点滴往事，我禁不住泪流满面，情不自禁地想起苏先生说的那句话：“只有每个人互相成为朋友，才可能保持永久的和平。”

自动笔写书开始已经过去几个月了。在中国参观期间，所提的各种各样的要求均得到了向导和团长的批准，也得到了中国相关人员以及访华团诸位成员的多方关照与帮助。稿件完成过程中，得到了日本放送出版协会的竹内幸彦先生和防灾研究所的渡边邦彦先生的诸多指导。在此谨向上述各位表示由衷的感谢！另外，在4年半推进与中国交流的工作中，始终得到了我的妻子葉子的大力支持和帮助。如果这本书能对帮助过我的诸位的厚谊略有回报的话，将不胜荣幸之至。

尾池和夫
1978年10月29日

译后记

《中国的地震预报》中文版能够顺利翻译出版，首先要感谢原京都精华大学首任漫画学部部长、现京都造形艺术大学教授牧野圭一先生。在至今长达17年的时间里，先生作为我的老师和研究搭档，一直从事着“漫画与中华文明”、“漫画与安全”的共同研究。

2014年4月12日，在京都赏樱会上，尾池先生向我提议，应该推进漫画与安全方面的研究、创作与交流。由此，我决心尝试推进漫画与安全的相关工作，将有益于国内读者特别是年轻人的日本安全方面的作品介绍到国内。

《中国的地震预报》原书完成于1978年10月29日，同年由日本放送出版协会作为地震知识普及教育类图书出版，距今已经37个年头了。其间，作为地震多发国家的日本，一直对地震研究和预防予以了高度关注，并取得了许多为世人所公认的成果。

我在日本留学工作期间也经历了各种大大小小的地震，包括2011年的“3·11”大地震。从刚开始的紧张恐慌到后来能够沉着应对，均得益于日常所接受的地震预防教育和训练。

我对尾池先生“如果能够系统观测地震前兆现象，研究其发生机制，地震的临震预报是可以实现的”这一观点深信不疑，更为30多年前云南建水中学师生在极其简陋的条件下所取得的成果所震撼。在地震频发的今天，我觉得很有必要和读者特别是青少年朋友一起回顾当时的经验，希望能引起大家的关注，并能对地震乃至预防地震有更正确的认识和理解，树立起抗震防灾的意识。

本书在去年8月底翻译完成，为了力求准确，经过了反复确认和校对，其间得到了徐纪人老师极其严格认真的审校修正，也得到了高建国教授的热心指导。

本书中译本能够顺利出版，多承蒙中国社会出版社领导及各位编辑，尤其是我的留日学长张铁纲先生的帮助，在此一并表示衷心的感谢！

陶冶

2015年3月21日

图书在版编目（CIP）数据

中国的地震预报／(日)尾池和夫著；罗洁，董振华译. —
北京：中国社会出版社，2015.7

ISBN 978－7－5087－5096－5

Ⅰ.①中…　Ⅱ.①尾…②罗…③董…　Ⅲ.①地震预报－研究－中国　Ⅳ.①P315.75

中国版本图书馆 CIP 数据核字（2015）第 155552 号

版权合同登记号　图字：01-2015-4061号

书　　名： 中国的地震预报

著　　者： (日)尾池和夫　　**译　　者：** 罗洁　董振华

出 版 人： 浦善新

终 审 人： 李　浩

责任编辑： 姜婷婷　　**责任校对：** 朱文静

出版发行： 中国社会出版社　　邮政编码：100032

通联方法： 北京市西城区二龙路甲 33 号

电　　话： 编辑部：（010）58124827
邮购部：（010）58124848
销售部：（010）58124845
传　真：（010）58124856

网　　址： www. shcbs. com. cn

经　　销： 各地新华书店

中国社会出版社天猫旗舰店

印刷装订： 中国电影出版社印刷厂

开　　本： 145mm×210mm　1/32

印　　张： 7. 5

字　　数： 150 千字

版　　次： 2015 年 8 月第 1 版

印　　次： 2015 年 8 月第 1 次印刷

定　　价： 38. 00 元

中国社会出版社微信公众号